高职高专立体化教材　计算机系列

网页设计与制作案例教程

陈艳平　徐受蓉　主　编

赵叶青　董　明　舒　蕾　李怡平　副主编

清华大学出版社
北　京

内 容 简 介

本书以实用为原则，每章围绕知识点储备、实例演示、任务训练、知识拓展、单元测试五部分展开，本书内容涵盖网页设计概述、网页基本元素、常用网页布局、Div+CSS、表单、行为特效、模板和库、HTML 5 等。

本书可作为计算机相关专业网页设计与制作的教材，也可供网页设计爱好者学习参考，尤其适合网页设计初学者使用。

图书在版编目(CIP)数据

网页设计与制作案例教程/陈艳平，徐受蓉主编. —北京：清华大学出版社，2016(2023.1 重印)
(高职高专立体化教材　计算机系列)
ISBN 978-7-302-44698-9

Ⅰ. ①网… Ⅱ. ①陈… ②徐… Ⅲ. ①网页制作工具—高等职业教育—教材 Ⅳ. ①TP393.092

中国版本图书馆 CIP 数据核字(2016)第 184646 号

责任编辑：吴艳华
封面设计：刘孝琼
版式设计：杨玉兰
责任校对：周剑云
责任印制：沈　露

出版发行：清华大学出版社
　　　　　网　　　址：http://www.tup.com.cn, http://www.wqbook.com
　　　　　地　　　址：北京清华大学学研大厦 A 座　　　邮　　　编：100084
　　　　　社 总 机：010-83470000　　　　　　　　　　邮　　　购：010-62786544
　　　　　投稿与读者服务：010-62776969, c-service@tup.tsinghua.edu.cn
　　　　　质量反馈：010-62772015, zhiliang@tup.tsinghua.edu.cn
　　　　　课件下载：http://www.tup.com.cn, 010-62791865
印 装 者：三河市龙大印装有限公司
经　　销：全国新华书店
开　　本：185mm×260mm　　　印　张：13.75　　　字　数：328 千字
版　　次：2016 年 8 月第 1 版　　　　　　　　　印　次：2023 年 1 月第 7 次印刷
定　　价：39.00 元

产品编号：069503-02

《高职高专立体化教材 计算机系列》

丛 书 序

一、编写目的

关于立体化教材，国内外有多种说法，有的叫"立体化教材"，有的叫"一体化教材"，有的叫"多元化教材"，其目的是一样的，就是要为学校提供一种教学资源的整体解决方案，最大限度地满足教学需要，满足教育市场需求，促进教学改革。我们这里所讲的立体化教材，其内容、形式、服务都是建立在当前技术水平和条件基础上的。

立体化教材是"一揽子"式(包括主教材、教师参考书、学习指导书、试题库)的完整体系。主教材讲究的是"精品"意识，既要具备指导性和示范性，也要具有一定的适用性，喜新不厌旧，那种内容越编越多、本子越编越厚的低水平重复建设，在"立体化"的世界中将被扫地出门。与以往不同，"立体化教材"中的教师参考书并非千人一面，它不只提供答案和注释，而且含有与主教材配套的大量参考资料，使得老师在教学中能做到"个性化教学"。学习指导书更像一本明晰的地图册，难点、重点、学习方法一目了然。试题库或习题集则要完成对教学效果进行测试与评价的任务。这些组成部分采用不同的编写方式，把教材的精华从各个角度呈现给师生，既有重复、强调，又有交叉和补充，相互配合，形成一个教学资源有机整体。

除了内容上的扩充外，立体化教材的最大突破是在表现形式上走出了"书本"这一平面媒介的局限。如果说音像制品让平面书本实现了第一次"突围"，那么电子和网络技术的大量运用，就让躺在书桌上的教材真正"活"了起来。用 PowerPoint 开发的电子教案不仅大大减少了教师案头备课的时间，而且也让学生的课后复习更加有的放矢。电子图书通过数字化使得教材的内容得以无限扩张，使平面教材更能发挥其提纲挈领的作用。

CAI(计算机辅助教学)课件把动画、仿真等技术引入了课堂，让课程的难点和重点一目了然，通过生动的表达方式达到深入浅出的目的。在科学指标体系控制之下的试题库，既可以轻而易举地制作标准化试卷，也能让学生进行模拟实践的在线测试，提高了教学质量评价的客观性和及时性。网络课程更厉害，它使教学突破了空间和时间的限制，彻底发挥了立体化教材本身的潜力，轻轻敲击几下键盘，就能在任何时候得到有关课程的全部信息。

最后还有资料库，它把教学资料以知识点为单位，通过文字、图形、图像、音频、视频、动画等各种形式，按科学的存储策略组织起来，大大方便了教师在备课、开发电子教案和网络课程时的教学工作。如此一来，教材就"活"了。学生和书本的关系，不再像领导与被领导那样呆板，而是真正有了互动。教材不再只是为老师们规定什么重要什么不重要，而是成为教师实现其教学理念的最佳拍档。在建设观念上，从提供和出版单一纸质教材转向提供和出版较完整的教学解决方案；在建设目标上，以最大限度满足教学要求为根本出发点；在建设方式上，不单纯以现有教材为核心，简单地配套电子音像出版物，而是以课程为核心，整合已有资源并聚拢新资源。

网络化、立体化教材的出版是我社下一阶段教材建设的重中之重，以计算机教材出版为龙头的清华大学出版社确立了"改变思想观念，调整工作模式，构建立体化教材体系，大幅度提高教材服务"的发展目标，并提出了首先以建设"高职高专计算机立体化教材"为重点的教材出版规划，希望通过邀请全国范围内的高职高专院校的优秀教师，共同策划、编写这一套高职高专立体化教材，利用网络等现代技术手段，实现课程立体化教材的资源共享，解决国内教材建设工作中存在的教材内容更新滞后于学科发展的状况。把各种相互作用、相互联系的媒体和资源有机地整合起来，形成立体化教材，把教学资料以知识点为单位，通过文字、图形、图像、音频、视频、动画等各种形式，按科学的存储策略组织起来，为高职高专教学提供一整套解决方案。

二、教材特点

在编写思想上，以适应高职高专教学改革的需要为目标，以企业需求为导向，充分吸收国外经典教材及国内优秀教材的优点，结合中国高校计算机教育的教学现状，打造立体化精品教材。

在内容安排上，充分体现了先进性、科学性和实用性，尽可能选取最新、最实用的技术，并依照学生接受知识的一般规律，通过设计详细的可实施的项目化案例(而不仅仅是功能性的小例子)，帮助学生掌握要求的知识点。

在教材形式上，利用网络等现代技术手段实现立体化的资源共享，为教材创建专门的网站，并提供题库、素材、录像、CAI 课件、案例分析，实现教师和学生在更大范围内的教与学互动，及时解决教学过程中遇到的问题。

本系列教材采用案例式的教学方法，以实际应用为主，理论够用为度。教程中每一个知识点的结构模式为"案例(任务)提出→案例关键点分析→具体操作步骤→相关知识(技术)介绍(理论总结、功能介绍、方法和技巧等)"。

该系列教材将提供全方位、立体化的服务，网上提供电子教案、文字或图片素材、源代码、在线题库、模拟试卷、习题答案、案例动画演示、专题拓展、教学指导方案等。

在为教学服务方面，主要是通过教学服务专用网站在网络上为教师和学生提供交流的场所，每个学科、每门课程，甚至每本教材都建立网络上的交流环境。可以为广大教师信息交流、学术讨论、专家咨询提供服务，也可以让教师发表对教材建设的意见，甚至通过网络授课。对学生来说，则可以在教学支撑平台所提供的自主学习空间中进行学习、答疑、操作、讨论和测试，当然也可以对教材建设提出意见。这样，在编辑、作者、专家、教师、学生之间建立起一个以课本为依据、以网络为纽带、以数据库为基础、以网站为门户的立体化教材建设与实践的体系，用快捷的信息反馈机制和优质的教学服务促进教学改革。

前　言

本书以实用为原则，融"教、学、做"于一体。实例以 Dreamweaver CS6 为载体，使读者循序渐进地充分理解并掌握 HTML、CSS、JavaScript 等的功能与 HTML5 的前景，为后续课程奠定良好的基础，并激发学生学习的积极性和主动性。

全书结构新颖，每章围绕知识点储备、实例演示、任务训练、知识拓展、单元测试五部分展开。在教学内容的组织、知识点的由简单到复杂、由易到难、"设计"视图与"代码"视图相结合，使学生循序渐进地、合理地组织学习知识、训练技能、拓展知识，有兴趣、由表及里地学习。

本书由重庆航天职业技术学院陈艳平、徐受蓉担任主编，赵叶青、董明、舒蕾、李怡平担任副主编。具体编写分工如下：第 1 章、5 章、8 章由陈艳平编写，第 2 章由李怡平编写，第 3 章由徐受蓉编写，第 4 章由赵叶青编写，第 6 章由董明编写，第 7 章由舒蕾编写。

本书在编写过程中，参阅了大量的相关教材和专业书籍，在此一并向各位专家及各位参考书籍的编者表示感谢！相关的教学素材可联系编者邮件发送(htdbteam@163.com)或在清华大学出版社网站下载。

鉴于编者水平有限，书中难免有不足之处，欢迎各位专家和广大读者不吝赐教并批评指正。

编　者

目　录

第1章 网页设计概述

技能目标:

- 掌握网页与网站的基本概念
- 掌握网页制作基础知识
- 掌握站点的创建与管理
- 掌握超文本标记语言 HTML

在制作网页之前,应先学会区分网页与网站,了解其工作原理,认识网页的基本构成元素、了解网页制作的基础知识,在 Dreamweaver CS6 的工作界面中创建站点对网站进行统一管理,熟悉 HTML。

1.1 网页与网站

随着互联网的飞速发展,网页、网站已成为人们日常生活中不可缺少的部分,利用它们,新闻资讯可及时查看,各种物品足不出户便可购买,亲戚朋友可随时联系。下面先来了解一下网页、网站等基本知识。

1.1.1 网页

当在浏览器地址栏中输入网址后,网页就会呈现在人们的眼前,如输入 http://www.163.com,就会看到如图 1-1 所示的网页。

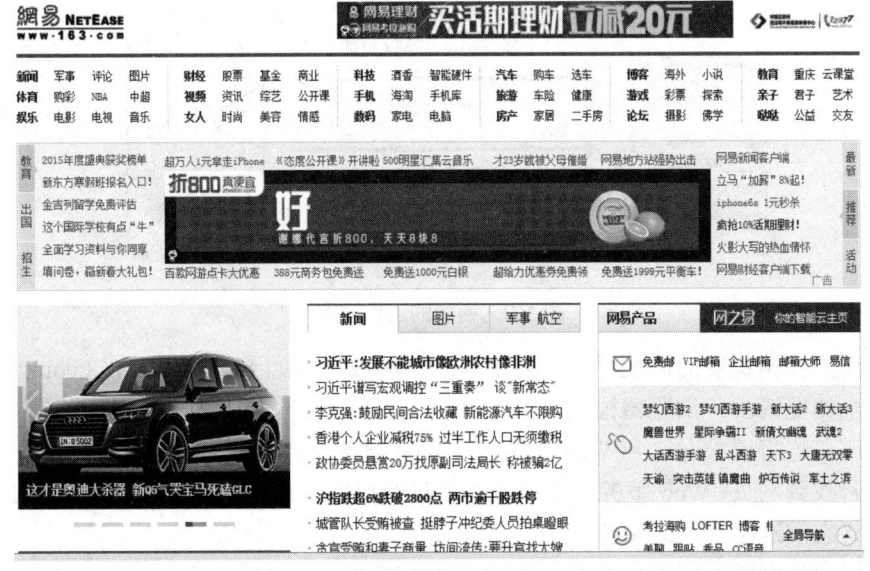

图 1-1 网易主页

网页(Web Page)一般由文字、图片、超链接等元素组成，另外，声音、视频、动画等多媒体元素可以为网页增添丰富的色彩和动感。网页是用 HTML 语言编写的，通过 WWW 传输，并被 Web 浏览器翻译成可以显示出来的集合文本、图片、声音和动画等信息元素的页面文件。

人们在浏览网站时，首先访问的是网站的首页或主页，然后才能访问其他的网页。首页一般起欢迎的作用，只有进入网站的超链接，通过超链接才能访问网站的主页。大多数作为首页的文件名是 index、default 加上扩展名。主页是整个网站的导航中心，是网站的链接中心。

1.1.2　网站

网站(Website)是把包括网页在内的信息文件通过超链接的形式关联起来而形成的信息文件的集合。开发者通过超链接将网站中多个网页建立联系，形成一个主题鲜明、风格一致的 Web 站点。

网站是一个文件夹，其中的文件不仅有网页，还有网站所需要的其他文件或文件夹。网页是一种页面文件，用来发布各种信息。网页是网站的构成要素，是网站信息发布与表现的一种主要形式。

通常情况下，网站都有一个主页，其中包括网站的 Logo 和导航栏等内容，导航栏包含了指向其他网页的超链接。

1.1.3　网站的工作原理

网站发布到 Web 服务器中，浏览者通过浏览器向 Web 服务器发出请求，Web 服务器则根据请求把浏览者所访问的网页传送到客户端，显示在浏览器中。一个静态网站的工作过程归纳为以下 4 个步骤，工作原理如图 1-2 所示。

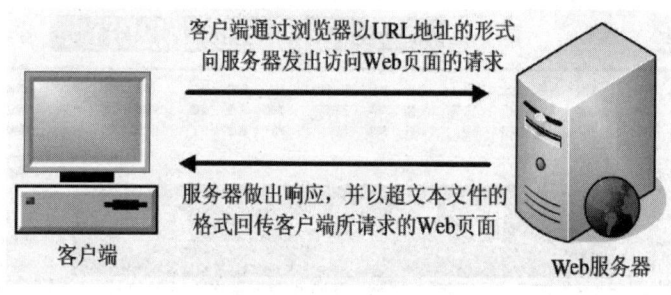

图 1-2　网站的工作原理

(1) 用户在浏览器的地址栏输入要访问网站的域名，如 http://www.163.com，按 Enter 键触发这个浏览请求，浏览器根据域名的 IP 地址向 Web 网站服务器发出浏览请求。

(2) 浏览器将请求发送到 Web 服务器，Web 服务器接受这个请求。

(3) 若找到网页，Web 服务器从服务器硬盘的指定位置或内存中读取正确的 HTML 文件，然后将它发送给请求浏览器。

(4) 用户的浏览器解析这些 HTML 代码并将它显示出来。

1.1.4 网页基本构成元素

网页由文本、图像、多媒体、超链接等基本元素构成。

1. 文本(Text)

一般情况下,文本在网页中占了较大比重,是网页传递信息的主要载体。文本的特点是传递速度快、信息量大、存储空间小。在网页中,可以对文本的字体、大小、颜色、行距等进行设置。用于网页正文的文字,建议不要使用过多的字体,中文文字一般用宋体,字体大小使用 9 磅或 12 像素左右。

2. 图像(Image)

图像是美化网页必不可少的元素。网页上的图像一般使用 JPG 格式、GIF 格式和 PNG 格式。网页中的图像主要有用于点缀的小图片、介绍性的照片、代表企业形象或栏目内容的标志性图片(Logo)、用于宣传的广告(Banner)等形式。

3. 多媒体(Media)

多媒体是网页中最活跃的元素,创意出众、制作精美的动画是吸引浏览者眼球的有效方法之一。网页中可使用的多媒体对象有 Flash 动画、音频、视频、Java 小程序等。但网页多媒体元素不宜太多,否则会使人眼花缭乱,产生视觉疲劳。

4. 超链接(Superlink)

超链接是指从一个网页指向另一个目的端的链接关系。这个“目的端”通常是一个网页、相同网页上的不同位置、一个下载的文件、一幅图片、一个 E-mail 地址等。超链接的对象可以是文字、按钮或图片。鼠标指针指向超链接位置时,会变成小手形状。网页中的导航栏是一组超链接,用于引导浏览者查看站点的不同页面或栏目。

5. 表格(Table)

表格主要用于网页内容的布局,组织整个网页的外观,也可用来分门别类地显示数据信息。当前,网页设计中更多使用 Div+CSS 技术实现网页布局的控制。

6. 表单(Form)

表单是用来收集访问者信息的区域。表单由不同功能的表单域组成,最简单的表单包含一个输入区域和一个提交按钮。根据功能与处理方式的不同,通常将表单分为用户反馈表、留言簿、用户注册和搜索等。

7. 页面尺寸

在设计网页时,要确定网页的尺寸大小。网页尺寸和显示器大小及分辨率有关,由于网页的显示无法突破显示器的显示范围,所以网页的显示范围也受到限制。原则上,页面长度不超过 3 屏,页面宽度不超过 1 屏。一般情况下,计算机分辨率为 1024px×768px 时,建议页面尺寸设计为 1000px×600px。但随着宽屏显示器的流行,页面宽度逐渐超过“习惯”参数,为每个显示器定制专属的页面也不太可能,故建议网页两边预留 20px 左右的空白。

1.2　网页制作基础知识

在制作网页前，需要先了解和掌握有关网页的基础知识、网页制作工具和网页设计与制作的分类等。

1.2.1　网页的基础知识

1. Internet

Internet，中文正式译名为因特网，又叫作国际互联网，是由使用公用语言互相通信的计算机连接而成的全球网络。一旦连接到它的任何一个节点上，就意味着计算机已经连入Internet 网了。Internet 的用户目前已经遍及全球，有几十亿人在使用 Internet，并且它的用户数还在逐年上升。

2. WWW

WWW(World Wide Web)也称为万维网。万维网只是互联网所能提供的服务之一，是依靠互联网运行的一项服务。万维网基于超文本结构体系，由大量的电子文档组成，这些电子文档存储在世界各地的计算机上，通过各种类型的超链接连接在一起，目的是让不同地方的人使用一种简单的方式共享信息资源。

从技术上讲，WWW 包含 3 个基本组成部分：URL(统一资源定位器)、HTTP(超文本传输协议)、HTML(超文本标记语言)。

3. URL

URL(Uniform Resource Locator，统一资源定位器)是一个指定 Internet 上资源位置的标准，也就是人们常说的网址，如 http://www.163.com。

4. W3C

W3C(World Wide Web Consortium，全球万维网联盟)是国际著名的标准化组织，该联盟于 1994 年 10 月在麻省理工学院计算机科学实验室成立，至今已发布近百项相关万维网的标准，对万维网发展做出了杰出的贡献。

5. HyperText

HyperText(超文本)是一种可以指向其他文件的文字或图片，这种功能称为超链接(HyperLink)。超文本是一种组织信息的方式，它通过超链接将网页中的文字或图片与其他对象相关联，为人们查找信息提供了一种快捷方式。

6. HTTP

HTTP(HyperText Transfer Protocol，超文本传输协议)是互联网上应用最为广泛的一种网络协议。所有的 WWW 文件都必须遵守这个标准。

7. HTML

HTML(HyperText Markup Language，超文本标记语言)是 Internet 中编写网页的主要标识语言。网页文件也可以称为 HTML 文件，其扩展名为.html 或.htm。HTML 文件是纯文本文件，可以使用任何能够生成 TXT 类型源文件的文本编辑器来产生超文本标记语言文件，只修改文件后缀即可。

8. XHTML

XHTML(eXtensible HyperText Markup Language，可扩展超文本标记语言)是一种基于 XML 的标记语言，看起来与 HTML 有些相像，但 XHTML 是一种增强的、结合部分 XML 强大功能及大多数 HTML 简单特性的超文本标记语言，它的可扩展性和灵活性能适应未来网络应用更多的需求。

9. CSS

CSS(Cascading Style Sheet，层叠样式表)用于对网页布局、字体、颜色、背景和其他图文效果实现精确的控制。CSS 可以一次性控制多个文档中的文本，并且可随时改动 CSS 的内容，以自动更新文本的样式。

10. JavaScript

JavaScript 是一种脚本语言，可以和 HTML 语言混合在一起使用，用来实现在一个 Web 页面中与用户的交互作用。

11. Browser 与 Server

Browser 即浏览器，Server 即服务器，连在一起即为常见的 B/S。用户通过浏览器链接到 Web 服务器上，才能阅读 Web 服务器上的文件。信息的提供者建立好 Web 服务器，用户使用浏览器可以取得服务器中的文件及其他信息。

1.2.2 网页制作工具

在网页设计制作中，经常会涉及图像处理、动画制作、网站发布等问题。目前，此类相关专业软件功能越来越完善、操作越来越简单，应用也非常广泛。

制作网页的常用工具有以下几种。

- 制作网页的专门工具：Dreamweaver 和 FrontPage。
- 图像处理工具：Photoshop 和 Fireworks。
- 动画制作工具：Flash 和 Swish。
- 图标制作工具：小榕图标编辑器和超级图标。
- 抓图工具：HyperSnap、HyperCam 和 Camtasia Studio。
- 文本文件编辑工具：记事本和 UltraEdit。
- 全景图片制作工具：Cool360。
- 网站发布工具：CuteFTP。

1. Dreamweaver

Dreamweaver CS6 是世界顶级软件厂商 Adobe 推出的一套拥有可视化编辑界面,用于制作并编辑网站和移动应用程序的网页软件。由于它支持代码、拆分、设计、实时视图等多种方式来创作、编写和修改网页,对于初级人员,无须编写任何代码就能快速创建 Web 页面。

2. Photoshop

Photoshop 是 Adobe 公司旗下最为出名的图像处理软件之一,其界面友好,支持多种图像格式以及多种色彩模式,还可以任意调整图像的尺寸、分辨率及画布大小。Photoshop 可用于设计网页整体效果图、网页 Logo、网页 Banner 和网页中广告等图像。

3.Flash

Flash 是一种常用的动画制作软件,用于制作和编辑具有较强交互性的矢量动画,可以方便地生成.swf 动画文件,此文件可嵌入 HTML。Flash 动画已成为网站中必不可少的元素,为网页增添生动色彩,以吸引更多的浏览者。

4.Fireworks

Fireworks 是一个将矢量图形处理和点阵图形处理合二为一的专业化图形设计软件。它可以对各种图像文件进行编辑和处理,也可以直接生产包含 HTML 和 JavaScript 代码的动态图像。

1.2.3　网页设计与制作的分类

网页设计与制作一般分为静态网页制作和动态网页制作两类。

1. 静态网页的设计与制作

静态网页是标准的 HTML 文件,它的文件扩展名是.htm、.html,可以包含文本、图像、声音、Flash 动画、客户端脚本和 ActiveX 控件及 Java 小程序等。在 HTML 格式的网页中,也可出现各种动态的效果,如 GIF 格式的动画、Flash 动画和滚动字幕等,在视觉上是"动态效果"。静态网页仅仅用来被动发布信息,而不具有交互功能。

2. 动态网页的设计与制作

动态网页是用 ASP、JSP、PHP 等网络编程语言编写的交互式网页,与后台数据库进行交互,进行数据传递。动态网页的表现形式有论坛、留言板或网站后台管理页(在网页后台进行信息添加和修改,前台则自动更新)等,常常以.aspx、.asp、.jsp、.php、.perl 等形式为后缀,并且在动态网页网址中有一个标志性的符号"?"。

1.3　网页设计的基本流程

网站由许多网页组成,若想使网页吸引眼球、受人欢迎,要求网站的内容、结构、颜色、美工等有一个很好的规划。建立一个网站的流程如下。

1. 确定网站的主题

设计网站的第一步就是要确定网站的主题，根据客户要建设的网站以及相关要求确定网站的类型，网站的功能要求、内容要求、色彩要求、栏目要求、性能要求、布局要求、操作要求等，最终形成用户的需求分析。

2. 网站的总体规划

掌握客户的需求后，便要对网站项目进行总体的规划性设计，包括网站设计工具、内容和色调、版面布局设计、网站栏目设置、界面设计和制定网站建设规划等。

3. 制作网页

(1) 收集网站素材资料。网站制作之前，收集文本、图片、视频、音频等素材，将来作为网站的 Logo、广告栏、导航栏等页面元素。

(2) 确定网页版面布局，注意多个页面风格的一致性。

(3) 制作网页。利用网页制作工具制作静态的网页与动态的网页。

(4) 添加网页特效。利用 HTML 语言、Flash 动画、层等制作特效，增加网页的艺术效果。

4. 测试和发布网站

网站做好后，要对网站进行测试，包括网站的浏览器兼容性和站点超链接完好性。通过客户验收后，提供给客户发布到网上，供其使用。

5. 网站的更新与维护

网站发布后，在合同有效期内，根据客户的要求，对网站进行针对性地修改，定期维护、更新内容和板块，定期做好网站数据备份工作。

1.4　创建本地站点

网站是网页和相关信息的集合，而站点是用于存放该文件集合的文件夹，一般使用 Dreamweaver CS6 创建和规划本地站点。

1.4.1　Dreamweaver CS6 简介

Dreamweaver CS6 是 Adobe 公司推出的具有可视化编辑界面、用于制作和编辑网页的软件。使用 Dreamweaver CS6，可快速创建、编辑网页和网站。

1. 启动

在 Windows 7 操作系统中安装 Dreamweaver CS6 程序后，单击 Windows 的"开始"按钮，选择"所有程序"→Adobe→Adobe Dreamweaver CS6 命令，启动 Dreamweaver CS6，如图 1-3 所示。单击"确定"按钮后，界面如图 1-4 所示。

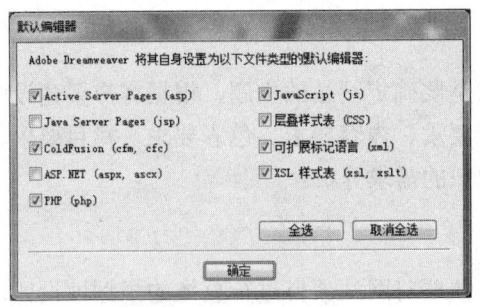

图 1-3　"默认编辑器"对话框

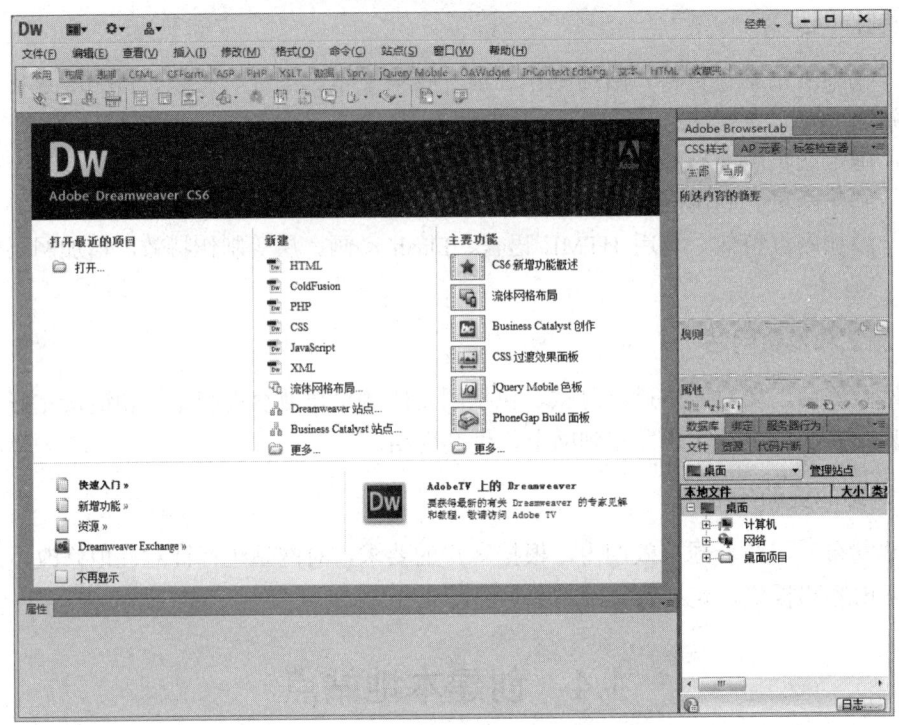

图 1-4　Dreamweaver CS6 开始界面

Dreamweaver CS6 开始界面包括以下几个方面的内容。

● 打开最近的项目：列出最近使用的文件及"打开"按钮。

● 新建：用于创建新的项目，其中，选择 HTML 选项可以创建一个新的静态网页。

● 主要功能：列出了软件主要功能介绍的链接。

除了上述内容外，Dreamweaver CS6 开始界面还包括快速入门、新增功能、资源和 Dreamweaver Exchange、"属性"面板和面板组。

2. 退出

单击开始界面右上角的"关闭"按钮，可退出程序。

3. Dreamweaver CS6 工作界面

在开始界面中，选择"新建"栏中的 HTML 选项，可新建一个静态网页，默认文件名为 Untitled.html。Dreamweaver CS6 的工作界面由菜单栏、应用程序栏、文档窗口、工作区切换器、"属性"面板和面板组等组成，如图 1-5 所示。下面重点介绍以下几个内容。

- 插入面板：用于创建和插入对象(图像、超链接和表格等)的按钮，组合键是 Ctrl+F2。
- "属性"面板：用于显示选择对象(文本、图像和表格等)的信息，组合键是 Ctrl+F3。
- "文件"面板：用于管理站点中的文件，快捷键是 F8。
- 面板组：用于集成多种工具面板，包含常用的"CSS 样式""标签检查器"等，单击最上部右侧的折叠/展开按钮，可以折叠或展开面板组。
- 标签选择器：用于选择该标签及其全部内容。如单击<body>标签，可选择整个文档。

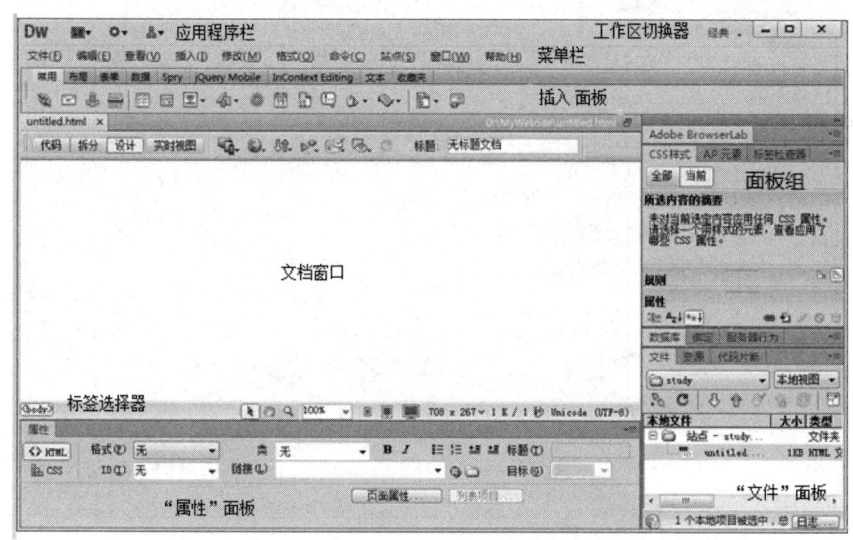

图 1-5　Dreamweaver CS6 的工作界面组成

1.4.2　建立本地站点

建立本地站点是在本地计算机硬盘上建立一个文件夹作为站点的根目录，然后将网页及其相关的文件存放在该文件中。当发布站点时，将文件夹中的文件上传到 Web 服务器即可。

1. 在计算机硬盘上新建一个文件夹作为本地站点的根文件夹

如在 D 盘根目录下新建文件夹 MyWebSite。

2. 在 Dreamweaver 中建立站点

(1) 选择"站点"→"新建站点"菜单命令，打开"站点设置对象未命名站点 1"对话框。

(2) 选择"站点"选项(默认选项)。在"站点名称"文本框中输入 study，单击"本地站点文件夹"文本框右侧的"浏览"按钮，查找并选择本地计算机 D 盘中的 MyWebSite 文件夹，使其作为本地站点根文件夹，文本框的具体内容如图 1-6 所示。对话框左侧有 4 个选项，介绍如下。

- 站点：用于定义站点的基本信息。"站点名称"文本框用于输入站点的名称。此名称会在"文件"面板和"管理站点"对话框中出现，但不会显示在浏览器和"计算机"窗口中。"本地站点文件夹"文本框用于指定站点的本地文件夹，单击文本框右侧的"浏览"按钮，可以查找所要指定的文件夹。
- 服务器：用于设置远程和测试服务器相关的信息，主要用于动态网站的构建。
- 版本控制：可以使用 Subversion 获取和存回文件。
- 高级设置：用于设置遮盖、设计备注、文件视图等内容，初期网站设计一般不经常使用。

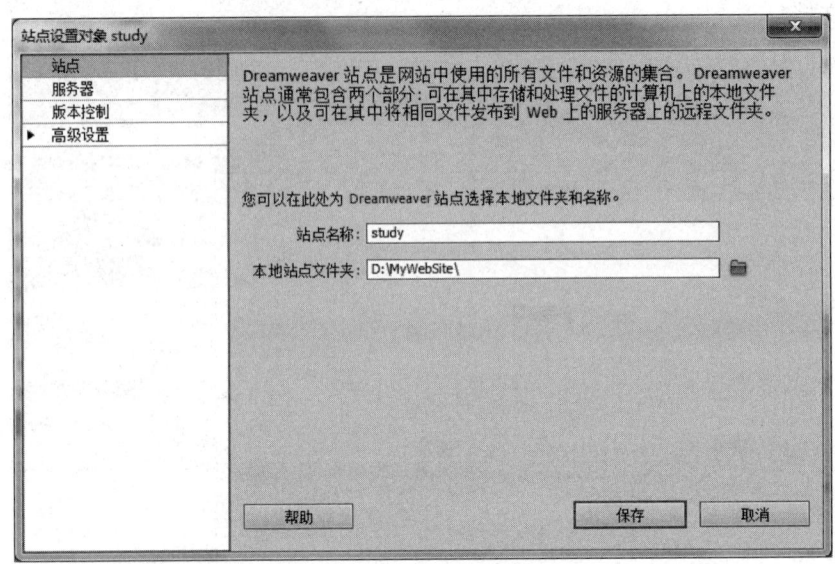

图 1-6　"站点设置对象"对话框

(3)　单击"保存"按钮，完成创建本地站点。此时，"文件"面板中会显示新建的站点，如图 1-7 所示。面板中显示了站点的名称、本地文件夹名称和位置等站点的相关信息。

图 1-7　新建本地站点后的"文件"面板

3. 向站点中添加内容

新建的站点是一个空的站点，可以通过 Dreamweaver CS6 的"文件"面板方便地向站点添加文件或文件夹等内容。

1) 创建文件夹

网站是网页和各种信息文件的集合，所以要分类建立文件夹以管理网页与各种信息文件，否则把所有网页都放在站点根目录下，不利于查找和整理文件。在站点创建文件夹的操作步骤如下。

(1) 在"文件"面板(见图 1-8)中，右击站点，在弹出的快捷菜单中选择"新建文件夹"命令。

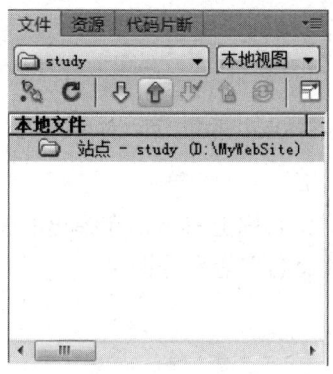

图 1-8 选择"新建文件夹"命令

(2) 在本地站点的根文件夹下出现名为 untitled 的新文件夹，将其重命名为 images，并按 Enter 键确认，完成后的"文件"面板如图 1-9 所示。

图 1-9 在站点中新建文件夹后的"文件"面板

2) 新建主页

主页是网站中必不可少的文件。在"文件"面板中的站点名称上右击，从弹出的快捷菜单中选择"新建文件"命令，新建一个名为 untitled.htm 的网页文件，将其重命名为 index.html(htm)或 default.html(htm)，完成后的"文件"面板如图 1-10 所示。

提示： (1) 新建普通网页与新建主页的操作方式一致，只是文件名不同。注意，普通网页一般根据需要放在不同的子文件夹下。

(2) 在"文件"面板创建文件夹或创建新文件后，可按 F5 键或者单击 C 按钮刷新。

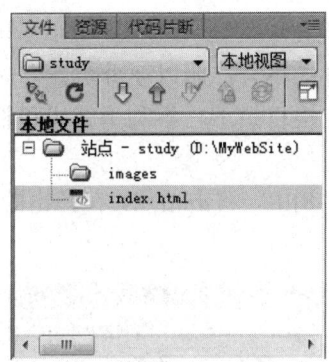

图 1-10　在站点中新建主页文件后的"文件"面板

3)　复制、删除和重命名网页

在"文件"面板中的相应网页名称上右击,在弹出的快捷菜单中选择"编辑"命令,再选择"复制""删除"或"重命名"等命令即可。

1.4.3　管理本地站点

创建站点后,可通过"管理站点"对话框对站点进行管理,如可进行站点的复制、删除、编辑和增加等操作。

1．"管理站点"对话框

选择"站点"→"站点管理"菜单命令,打开"管理站点"对话框,如图 1-11 所示,将会显示所创建的站点。未创建站点之前,则站点列表是空白的。

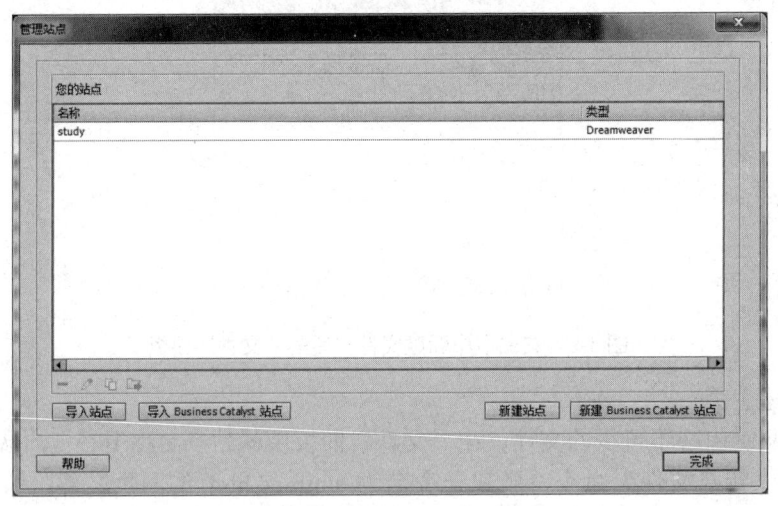

图 1-11　"管理站点"对话框

在"管理站点"对话框中,各按钮功能如下。

- 新建站点:用于创建新的 Dreamweaver 站点。
- 导入站点:用于导入从 Dreamweaver 导出的站点。
- 新建 Business Catalyst 站点:用于创建新的 Business Catalyst 站点。

- 导入 Business Catalyst 站点：用于导入现有的 Business Catalyst 站点。
- 功能按钮：在站点列表下面是管理站点的功能按钮，从左到右依次是"删除"按钮 **—**、"编辑"按钮 🖉、"复制"按钮 ⬚ 和"导出"按钮 ➡。

提示： (1) 在"文件"面板的站点名下拉列表中也可选择"管理站点"命令。

(2) Adobe 于 2009 年收购 Business Catalyst (BC)网络服务平台。

(3) 单击"导出"按钮，会出现"导出站点"对话框，如图 1-12 所示。选择路径并保存成.ste 的站点文件，如 study.ste，连同站点中的文件夹一起复制到另一台机器上的相应目录中。注意，站点文件夹若与原目录不一致，需要重新修改站点目录。

图 1-12 "导出站点"对话框

2. 删除站点

利用"管理站点"对话框中的"删除"按钮，可以删除站点列表中的站点及其所有的设置信息，但并不会删除计算机中的站点文件夹及文件。删除站点的操作步骤如下。

(1) 在站点列表中选择要删除的站点。

(2) 单击"删除"按钮，则会删除选中的站点。

编辑站点、复制站点、导出站点的操作步骤与删除站点类似，此处不再赘述。

提示： 删除站点仅仅是将站点从站点列表中删除，使得被删除站点中的文件夹与文件脱离 Dreamweaver，实际仍然存在计算机中。

1.4.4 网页文件的基本操作

1. 新建网页

在 Dreamweaver 开始界面中选择"新建"栏中的 HTML 选项，系统会新建一个名为 Untited-1 的空白文档；还可按照以下操作新建网页。

(1) 执行以下任一操作，打开"新建文档"对话框，如图 1-13 所示。

- 选择"文件"→"新建"菜单命令(组合键为 Ctrl+N)。
- 单击标准工具栏上的"新建"按钮 。

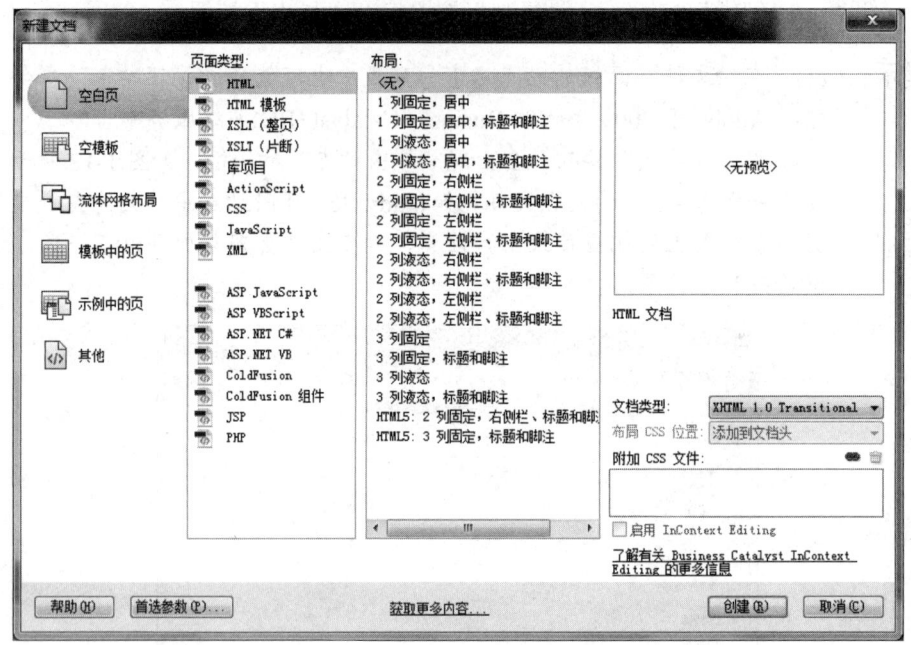

图 1-13　"新建文档"对话框

(2) 选择"空白页"选项，再选择 HTML 选项，然后单击"创建"按钮，则新建一个空白文档。

提示：选择"查看"→"工具栏"→"标准"菜单命令，将"标准"工具栏显示在窗口中。

2. 保存网页

无论新建网页还是正在编辑网页，都需要随时保存，保存网页的方法有以下几种。

(1) 选择"文件"→"保存"菜单命令(组合键为 Ctrl+S)。

(2) 单击标准工具栏上的"保存"按钮 。

(3) 选择"文件"→"另存为"菜单命令，在"另存为"对话框中选择网页的保存位置，在"文件名"文本框中输入文件名，单击"保存"按钮。

提示：浏览网页时，对喜欢的网页可在浏览器窗口中选择"文件"→"保存网页"(组合键为 Ctrl+S)菜单命令，在弹出的对话框中选择"网页，全部"选项，使用默认的文件名将网页保存下来。所保存的目录会有一个 HTML 文档与专门存放该网页用到的相关图片文件等的文件夹"*_files"。

3. 关闭网页

选择"文件"→"关闭"菜单命令，或单击文档窗口右上角的"关闭"按钮，即可关闭网页。

4. 打开网页

打开网页有以下 4 种方法。

(1) 选择"文件"→"打开"菜单命令(组合键为 Ctrl+O)。

(2) 单击标准工具栏上的"打开"按钮 。

(3) 在"文件"面板中双击要打开的文件，即可打开网页。

(4) 在资源管理器中，右击网页文件，在弹出的快捷菜单中选择"在 Dreamweaver 中编辑"命令即可。

5. 浏览网页

编辑好的网页可以随时在浏览器中预览，以查看网页的版式及链接的完整性，从而对网页进行修改。在 IExplore 浏览器中预览，可执行以下任一操作。

(1) 选择"文件"→"在浏览器中预览"→"IExplore"菜单命令。

(2) 按 F12 键。

(3) 在文档工具栏中单击 按钮，选择下拉菜单中的"预览在 IExplore"命令。

1.4.5 设置首选参数

为更方便地使用 Dreamweaver CS6，可以根据自己的爱好与工作方式进行参数的设置。

1. 打开"首选参数"对话框

(1) 在 Dreamweaver CS6 主界面中，选择"编辑"→"首选参数"菜单命令(组合键为 Ctrl+U)，打开"首选参数"对话框，如图 1-14 所示。

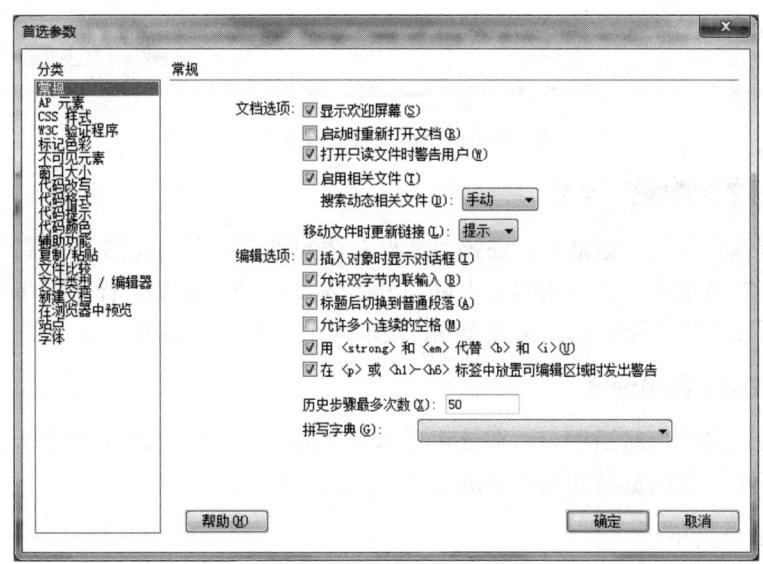

图 1-14 "首选参数"对话框

(2) "首选参数"对话框左边的"分类"列表框中列出了 19 种不同类别，选择一种类别后，该类别所有可用的选项将会显示在对话框右边的参数设置区域，根据需要修改参数并单击"确定"按钮，即可完成参数设置。

2．设置启动 Dreamweaver CS6 时不再显示欢迎屏幕

打开"首选参数"对话框后，在该对话框左边的"分类"列表框中选择"常规"选项，如图 1-14 所示，取消选中右边"文档选项"选项组中的"显示欢迎屏幕"复选框，然后单击"确定"按钮即可。

3．设置网页的默认扩展名为.html

打开"首选参数"对话框后，在该对话框左边的"分类"列表框中选择"新建文档"选项，然后在右边将"默认文档"设置为 HTML，将"默认扩展名"设置为.html，将"默认编码"设置为 Unicode(UTF-8)即可，如图 1-15 所示。

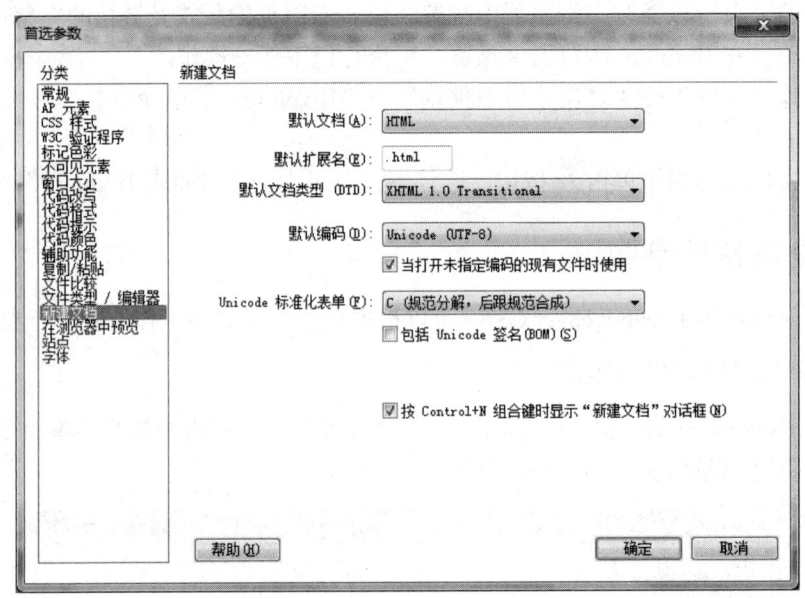

图 1-15 设置"新建文档"首选参数对话框

4．设置"复制/粘贴"参数

打开"首选参数"对话框后，在该对话框左边的"分类"列表框中选择"复制/粘贴"选项，然后在右边选中"带结构的文本以及全部格式(粗体、斜体、样式)"单选按钮即可。还可设置是否保留换行符、是否清理 Word 段落间距等属性，如图 1-16 所示。

5．设置在浏览器中预览

打开"首选参数"对话框后，在该对话框左边的"分类"列表框中选择"在浏览器中预览"选项，可添加浏览器并设置主浏览器，如图 1-17 所示。

6．设置窗口大小

目前，显示器的屏幕分辨率一般设置为 1024px×768px。在网页设计视图编辑窗口下方的状态栏显示了当前的窗口大小，如图 1-18 所示。选择"编辑大小"命令，弹出"首选参数"对话框，如图 1-19 所示。在对话框右边可添加自定义的窗口，分别输入一个宽度值和一个高度值以及描述文字，可以看到自定义的窗口大小。

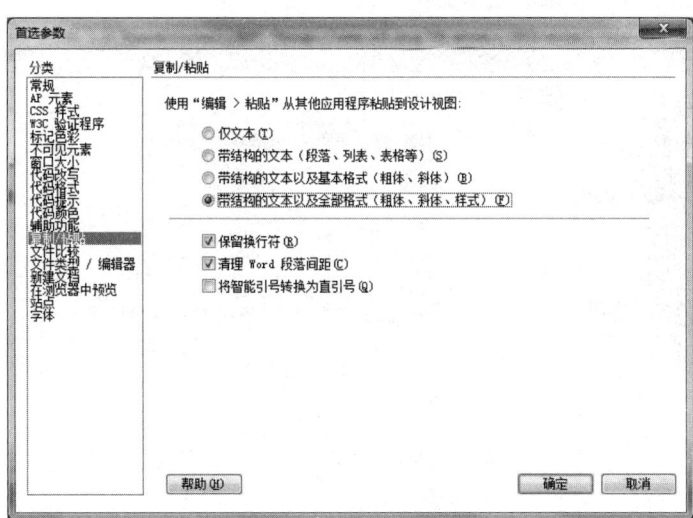

图 1-16 设置"复制/粘贴"首选参数对话框

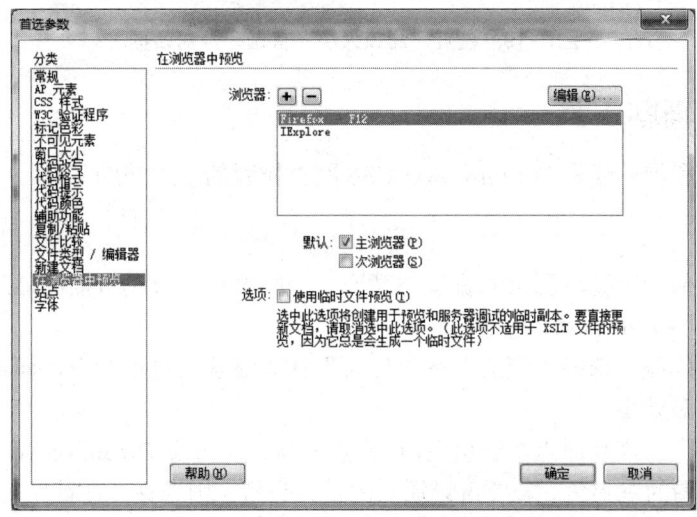

图 1-17 "在浏览器中预览"首选参数对话框

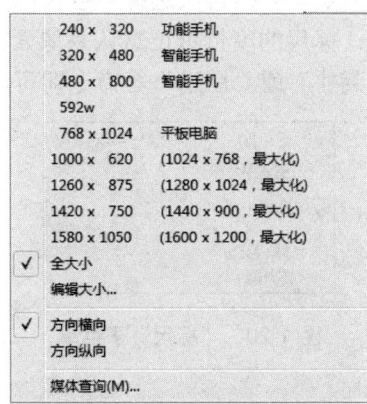

图 1-18 网页编辑窗口状态栏

图 1-19　设置"窗口大小"首选参数对话框

1.4.6　使用辅助工具

标尺、网格和辅助线是 Dreamweaver CS6 网页排版的三大辅助工具。

1. 标尺

标尺可精确估计所编辑网页的宽度与高度，使网页更符合浏览器的显示要求。与标尺有关的菜单项如图 1-20 所示。

- 显示或隐藏：选择"查看"→"标尺"→"显示"菜单命令，即可切换标尺的显示与隐藏效果。
- 重设原点与恢复原点默认值：标尺原点的默认位置在 Dreamweaver CS6 主窗口"设计"视图的左上角。若要重设原点的默认位置，则选择"查看"→"标尺"→"重设原点"菜单命令，然后将标尺原点图标拖曳到页面的任意位置。改变原点的默认位置后若要还原原点，只需再次选择"重设原点"命令即可。
- 改变标尺的度量单位：标尺的度量单位默认为像素。选择"查看"→"标尺"子菜单中的"像素""英寸"或"厘米"等命令即可。

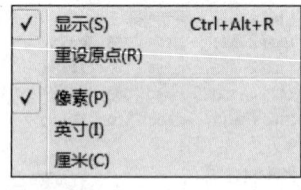

图 1-20　"标尺"子菜单

2. 网格

网格是 Dreamweaver CS6 窗口"设计"视图中对层进行绘制、定位或调整的可视化工具。

在 Dreamweaver CS6 主窗口中，选择"查看"→"网格设置"→"显示网格"菜单命令，如图 1-21 所示，窗口的"设计"视图即可显示网格。再次选择"显示网格"命令，即可隐藏网格。

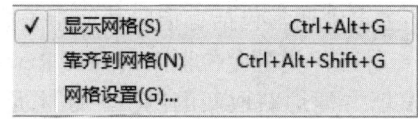

图 1-21 "网格设置"子菜单

若要使网格中的层能自动靠齐到网格，方便层的定位，可选择"靠齐到网格"命令。不论网格是否显示，靠齐功能都有效。

选择"查看"→"网格设置"→"网格设置"菜单命令，可以打开如图 1-22 所示的"网格设置"对话框，即可进行网格属性的设置。

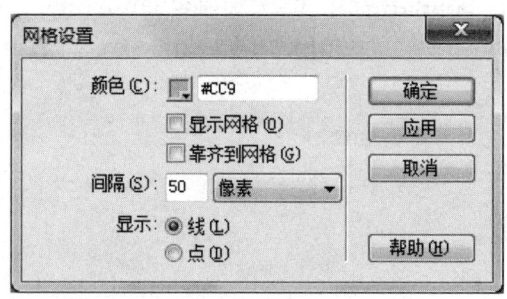

图 1-22 "网格设置"对话框

3. 辅助线

辅助线用于精确定位。选择"查看"→"辅助线"→"显示辅助线"菜单命令，然后从左侧或上侧的标尺上拖曳鼠标即可，辅助线的旁边会显示所在的位置距左侧与上侧的距离值。"辅助线"子菜单如图 1-23 所示。

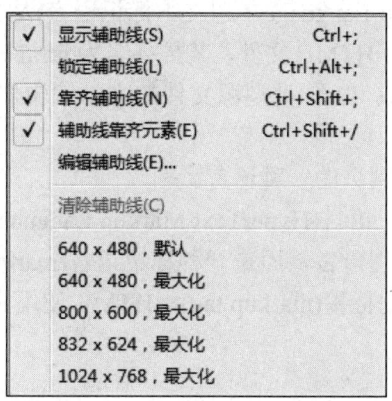

图 1-23 "辅助线"子菜单

辅助线还可进行锁定、靠齐、清除、编辑辅助线等操作。

1.5　超文本标记语言 HTML

万维网上的一个超媒体文档称之为一个页面(Page)。一个网站打开后看到的第一个页面称为主页(Homepage)或首页，主页中通常包括有指向其他相关页面或其他节点的指针(超级链接)。所谓超级链接，就是一种统一资源定位器(Uniform Resource Locator，URL)指针，通过激活(单击)它，可使浏览器方便地获取新的网页。这也是超文本标记语言(英文缩写HTML))获得广泛应用的重要原因之一。在逻辑上视为一个整体的一系列页面的有机集合称为网站(Website 或 Site)。HTML 是为网页创建和其他可在网页浏览器中看到的信息设计的一种标记语言。简单的 HTML 实例效果如图 1-24 所示。

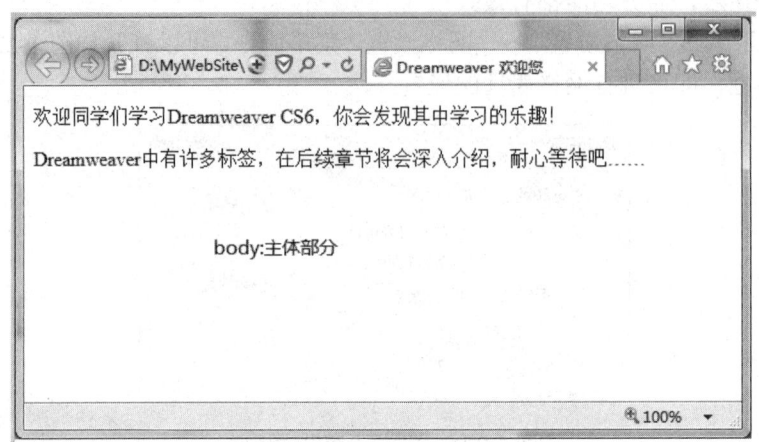

图 1-24　简单的 HTML 实例效果图

1.5.1　HTML 概述

1. HTML 简介

HTML(HyperText Markup Language，超文本标记语言)是 Internet 中编写网页的主要标识语言。网页文件也可以称为 HTML 文件，其扩展名为.html 或.htm。HTML 文件是纯文本文件，可以使用任何能够生成 TXT 类型源文件的文本编辑器来生成，只用修改文件后缀即可。

- HTML 是用来描述网页的一种语言。
- HTML 是超文本标记语言(HyperText Markup Language)。
- HTML 不是一种编程语言，而是一种标记语言(markup language)。
- 标记语言是一套标记标签(markup tag)，HTML 使用标记标签来描述网页。

2. HTML 标签

- HTML 标记标签通常被称为 HTML 标签(HTML tag)。
- HTML 标签是由尖括号包围的关键词，如\<html\>。
- HTML 标签通常是成对出现的，如\<b\>和\</b\>。

- 标签对中的第一个标签是开始标签，第二个标签是结束标签。
- 开始和结束标签也被称为开放标签和闭合标签。

图 1-24 效果对应的 HTML 标签如表 1-1 所示。

表 1-1　HTML 基本标签

序　号	HTML 代码
1	<!DOCTYPE html PUBLIC "-//W3C//DTD XHTML 1.0
2	Transitional//EN"
3	"http://www.w3.org/TR/xhtml1/DTD/xhtml1-transitional.dtd">
4	<html xmlns="http://www.w3.org/1999/xhtml">
5	<head>
6	<meta http-equiv="Content-Type" content="text/html;
7	charset=utf-8" />
8	<title>Dreamweaver 欢迎您</title>
9	</head>
10	<body>
11	<p>欢迎同学们学习 Dreamweaver CS6，你会发现其中学习的
12	乐趣！
13	</p>
14	<p>Dreamweaver 中有许多标签，在后续章节将会深入介绍，
15	耐心等待吧…</p>
16	</body>
17	</html>

1.5.2　常用 HTML 标记

表 1-1 中的代码是生成的最简单的网页代码文件。一份完整的网页文档，通常包含两部分：头部(head)和主体(body)。文档头部描述浏览器所需的信息，并对文档进行必要的定义；文档主体才是网页所要显示的具体信息。下面对表 1-1 中的代码进行解释。

- <!DOCTYPE>标签定义或声明文档类型，此标签必须位于 HTML 标签之前。此标签可告知浏览器文档使用哪种 HTML 或 XHTML 规范。
- <html></html>标签处在页面文档最外层，文档中的所有文本和 HTML 标签都包含在其中，表示该文档是以超文本标记语言(HTML)编写的。xmlns 是 xhtml namespace 的缩写。
- <head></head>是 HTML 文档的头部标签，分别表示头部信息的开始和结尾。头部中包含的标记是页面的标题、序言、说明等内容，它本身不作为内容来显示，但影响网页显示的效果。头部中最常用的标记符是 title 标记符和 meta 标记符，其中 title 标记符用于定义网页的标题，它的内容显示在网页窗口的标题栏中，网页标题可被浏览器用作书签和收藏清单。
- meta 是元数据标签，是 HTML 语言 head 区的一个辅助性标签，用来描述网页的有关信息,可包含文档的字符编码、针对搜索引擎和更新频度的描述与关键词等多种信息。meta 标签共有两个属性,分别是 http-equiv 属性和 name 属性,不同的属性又有不同的参数值,这些不同的参数值就实现了不同的网页功能。meta 标签所在行表示设定页面使用的字符集,UTF-8 代表世界通用的语言编码。

- <title></title>放在<head></head>中,<title>称为标题标签,标签之间的文本信息(网页标题)显示在浏览器顶部的蓝色标题栏中,作为网页的主题。
- <body></body>标签又称为主体标签,一般不省略。标签之间的内容是网页的主题,文本、图片、音频、视频等各种网页所要显示的内容,都放在这个标签内。
- <p></p>段落标签,HTML 的段落与段落之间有一定的间隔,效果就像连续按了两下 Enter 键。与</br>换行标签是有区别的。

除上述常用标签外,HTML 中还有<image>图像标签、<table>表格标签、<marquee>文字移动标签、<a>超链接等,在后续章节中将详细介绍。

提示: HTML 标签不区分大小写,一般情况下小写。

1.6 实 例 演 示

1.6.1 实例情景——创建本地教学站点

利用 Dreamweaver CS6 创建本地站点 study,并创建各章文件夹和根目录下的 images 文件夹,练习站点的导出与导入。

1.6.2 实例效果

本地教学站点效果如图 1-25 所示。

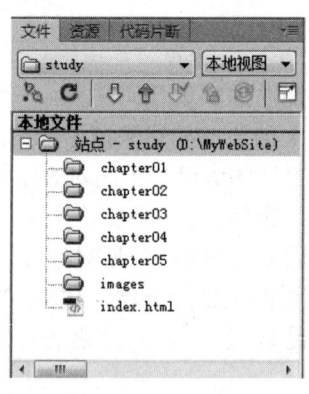

图 1-25 本地教学站点效果图

1.6.3 实现方案

1. 操作思路

安装好 Dreamweaver CS6,在操作界面中实现实例演示效果。

2. 操作步骤

(1) 参考 1.4.2 小节的操作，建立站点 study，站点目录为 D:\MyWebSite，并创建 images 文件夹与 index.html。

(2) 在"文件"面板中的站点名称上右击，从快捷菜单中选择"新建文件夹"命令，修改文件名为 chapter01。同理创建 chapter02、chapter03、chapter04、chapter05 等。

(3) 选择"站点"→"管理站点"菜单命令，在"管理站点"对话框中选择站点名称 study，单击 按钮，在弹出的"导出站点"对话框中，文件名默认为选中的站点 study.ste，选择站点保存路径，完成站点的导出。

(4) 选择"站点"→"管理站点"菜单命令，在"管理站点"对话框中单击"导入站点"按钮，在弹出的"导入站点"对话框中选择导入的站点，即可完成站点的导入。

1.7 任 务 训 练

1.7.1 训练目的

(1) 练习站点的创建与管理。

(2) 练习 HTML 常用标签的使用。

1.7.2 训练内容

(1) 建立"个人练习"站点，并保存在目录"D:\网页练习"下，练习导出与导入站点。建立 images 文件夹，并创建 index.htm 文件，如图 1-26 所示。

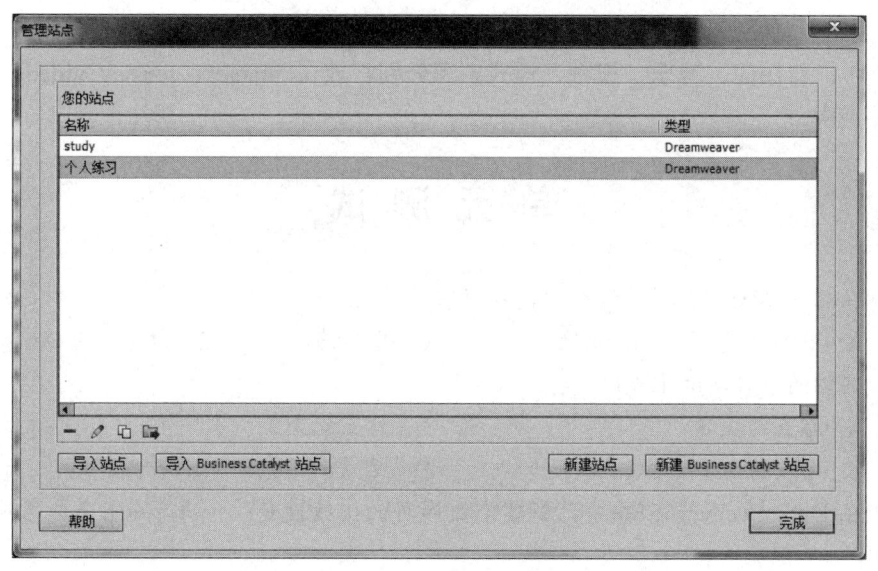

图 1-26 "管理站点"对话框

(2) 在 study 站点中的 chapter01 文件夹下新建 Exe.html，熟悉 HTML 标签。效果如图 1-27 所示。

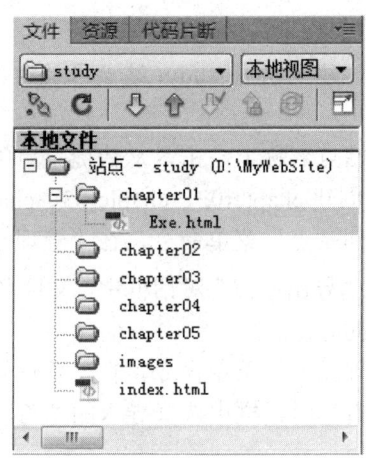

图 1-27 "文件"面板

1.8 知 识 拓 展

1. 如何设计出点击率高的网页作品？

答：点击率高的网页作品除了内容吸引用户外，还需要构思网页布局与色彩。网页布局常采用国字型、拐角型、标题正文型、Flash 型等。网页色彩的搭配一般体现"和谐、统一、平衡、协调"的原则，同时注意各种色彩的面积、所占比例、位置等问题，使得用户浏览网页时获得一种视觉享受。一个页面尽量不要超过 4 种色彩。

2. 如何规范网站文件？

答：网站文件夹，建议按照不同栏目进行存放。对各个栏目公用的资源，存放在共同的文件夹中；将图像、音乐、视频、样式表等分别存放在 images、music、video、CSS 等不同文件夹中。

单 元 测 试

1. 在对网站文件管理的过程中，可以对文件进行(   )操作。

   A. 增加   B. 删除   C. 重命名   D. 以上都可以

2. 网站的栏目实际上是(   )。

   A. 站点的主题   B. 站点的大纲索引

   C. 站点的内容   D. 站点的结构

3. 在 Dreamweaver CS6 中，新建空白网页的快捷键是(   )，关闭全部网页文件的快捷键是(   )。

   A. Ctrl+S   B. Ctrl+N   C. Ctrl+Shift+W   D. Ctrl+O

4. 下列文件中，属于静态网页的是(   )。

   A. index.asp   B. index.jsp   C. index.html   D. index.php

5. 设置网页标题时，在 HTML 源代码中需要使用( )标记。

    A. <head></head>   B. <title></title>

    C. <body></body>   D. <table></table>

6. 预览网页时，使用( )功能键。

    A. F1   B. F5   C. F8   D. F12

第2章　认识网页基本元素

技能目标：

- 掌握在网页中添加文本的方法
- 掌握在网页中插入图像的方法
- 掌握在网页中播放各种动画的方法
- 掌握在网页中添加音乐播放功能的方法
- 掌握在网页中添加视频播放功能的方法

网页中的基本组成元素有文字、图像、动画、音乐和视频等。通过对文本、图像、多媒体的学习，学会制作图文并茂的网页，实现有图有声音的动感网页效果。

2.1　文　　本

文本是网页中常用的基本元素，利用文本可传递网页所表达的信息。某公司招聘要求预览效果如图 2-1 所示。

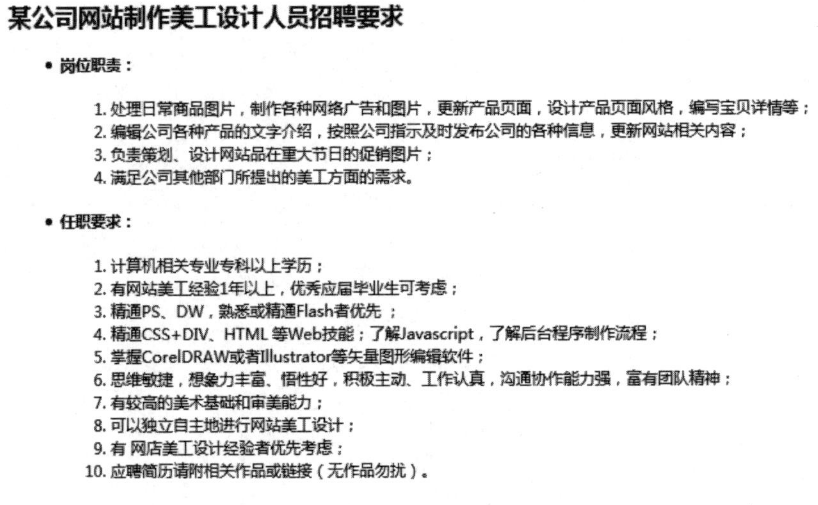

某公司网站制作美工设计人员招聘要求

- 岗位职责：

 　1. 处理日常商品图片，制作各种网络广告和图片，更新产品页面，设计产品页面风格，编写宝贝详情等；
 　2. 编辑公司各种产品的文字介绍，按照公司指示及时发布公司的各种信息，更新网站相关内容；
 　3. 负责策划、设计网站品在重大节日的促销图片；
 　4. 满足公司其他部门所提出的美工方面的需求。

- 任职要求：

 　1. 计算机相关专业专科以上学历；
 　2. 有网站美工经验1年以上，优秀应届毕业生可考虑；
 　3. 精通PS、DW，熟悉或精通Flash者优先；
 　4. 精通CSS+DIV、HTML等Web技能；了解Javascript，了解后台程序制作流程；
 　5. 掌握CorelDRAW或者Illustrator等矢量图形编辑软件；
 　6. 思维敏捷，想象力丰富、悟性好，积极主动、工作认真，沟通协作能力强，富有团队精神；
 　7. 有较高的美术基础和审美能力；
 　8. 可以独立自主地进行网站美工设计；
 　9. 有网店美工设计经验者优先考虑；
 　10. 应聘简历请附相关作品或链接（无作品勿扰）。

图 2-1　某公司招聘要求预览效果图

2.1.1　添加文本

Dreamweaver CS6 提供了向文档中添加文本和设置文本格式的三种方法：直接输入文本、从其他文档中导入文本或复制粘贴文本。

1. 直接输入文本

选择"文件"→"新建"菜单命令，新建一个页面，在"设计"视图中出现一个闪烁光标，如图 2-2 所示，即为默认文本插入点，可在此处输入文字。

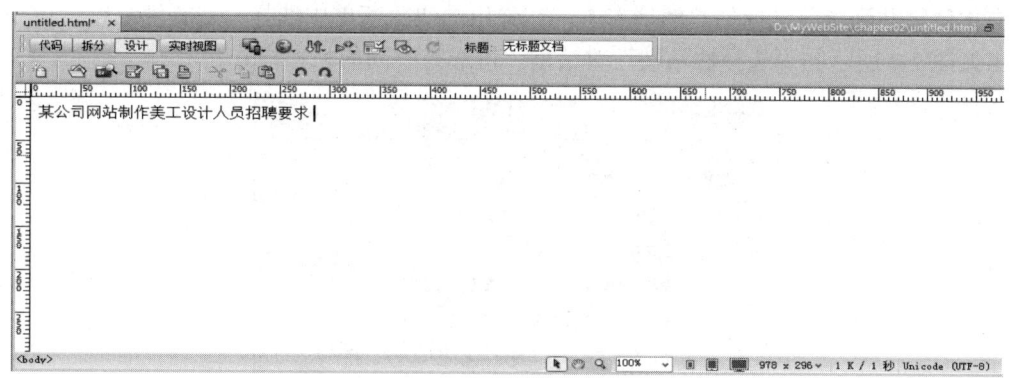

图 2-2 在页面中输入文本

当输入的文本长度超过了文档窗口的显示范围时，文本将自动换行。如果需要对文本进行分段以便于浏览，可通过以下两种方式进行。

- 利用 Enter 键换行，文本被分段，且上下段落之间的行距较大。
- 利用 Shift+Enter 组合键换行，上下段落之间的行距较小。

提示：(1) 默认情况下只能输入一个空格，如果需要多个空格，可选择"编辑"→"首选参数"菜单命令(组合键为 Ctrl+U)，在左边选中"常规"选项，在右边选中"允许多个连续的空格"复选框(组合键为 Ctrl+Shift+空格)。

(2)   的全称是 non-breaking space，称不换行空格，大小取决于字体大小(font-size)、字符间距(letter-spacing)等，就和其他字符一样，所以没有一个固定的宽度。

(3)   的全称是 En Space，称半角空格，其占据的宽度正好是 1/2 个中文字符宽度，而且基本上不受字体影响。

(4)   的全称是 Em Space，称全角空格，其占据的宽度正好是 1 个中文字符宽度，而且基本上不受字体影响。

2. 导入文本

将常见的 ASCII 文本文件、RTF 文本和 Word 文档的内容取出合并到网页中，可节省大量的输入时间。

例如，将 Word 文档中的全部内容添加到当前页面中，可选择以下两种方法完成导入。

- 选择"文件"→"导入"→"Word 文档"菜单命令，在弹出的"导入 Word 文档"对话框中找到要添加的文件，然后单击"打开"按钮。
- 在 Dreamweaver CS6 界面右侧的"文件"面板中，直接将 Word 文档从当前位置拖放到当前页面的适当位置，将弹出"插入文档"对话框，如图 2-3 所示，选择插入文档的不同格式，单击"确定"按钮即可。

3. 复制粘贴文本

打开外部文件，选中并复制文本内容，然后切换到 Dreamweaver CS6 文档窗口，将光标移到需要粘贴内容的位置，选择"编辑"→"粘贴"菜单命令或按组合键 Ctrl+V，选中的文本就粘贴到当前光标处。然后右击，在弹出的快捷菜单中选择"选择性粘贴"命令，弹出如图 2-4 所示的"选择性粘贴"对话框，可选择不同的粘贴格式。

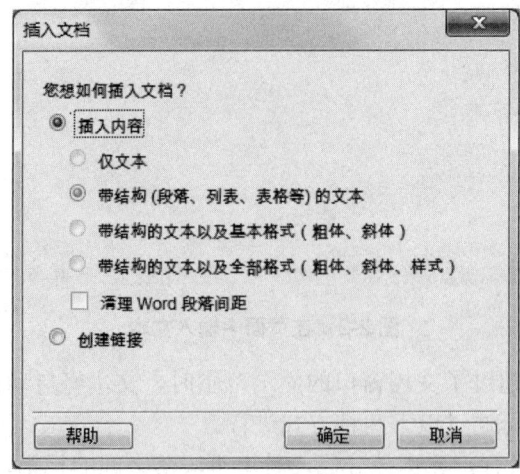

图 2-3 "插入文档"对话框

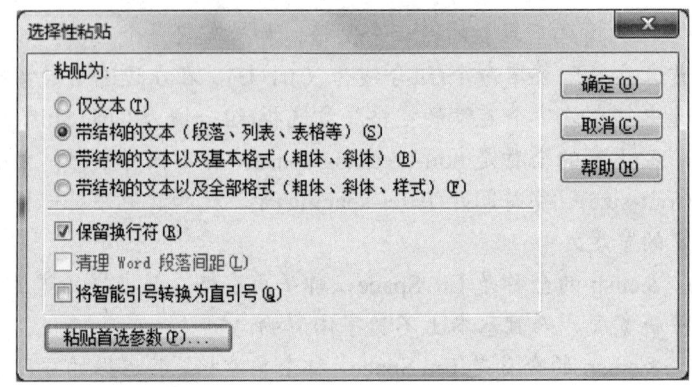

图 2-4 "选择性粘贴"对话框

☞ 提示： 文本块中文的首行缩进可在样式中用 text-indent 属性实现。

```
<p style="text-indent:2em">
```

2.1.2 设置文本属性

文本属性包括标题、字体、大小、颜色、加粗和倾斜等。一般来说，标题文本设置为 12~18 磅，网页正文文本字号为 10~12 磅，版权声明等文本设置为 9~10 磅。在"属性"面板中有 HTML 和 CSS 两个属性，以下分别进行介绍。

1. HTML 属性

HTML"属性"面板如图 2-5 所示。

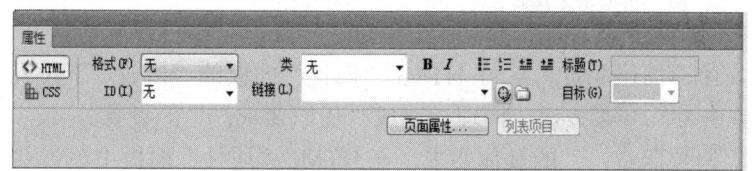

图 2-5 HTML "属性" 面板

HTML "属性" 面板中各参数解释如下。

- 格式：定义了网页中文本的四种选择方式，即 "无" "段落"、h1-6、"预先格式化的"。其中 "段落" 即所选择的文本会形成一个段落；h1-6 选项定义了 6 级标题，每级标题的字体大小依次递减，1 级标题字号最大，6 级标题字号最小。
- 类：在后续章节中可应用样式。
- ID(I)：表示所选文本的唯一标识 ID。
- $\boldsymbol{B}$ $\boldsymbol{I}$：分别表示所选文本为粗体和斜体。
- ：分别表示所选文本具有项目列表和编号列表的功能。
- ：分别表示文本凸出和缩进。
- 链接(L)：定义所选文本可完成超链接的效果。
- ：表示指向文件，按住鼠标左键不放进行拖动，可直接指向所链接的文件。
- ：表示在打开的对话框中可选择指向的文件。

2. CSS 属性

CSS "属性" 面板如图 2-6 所示。

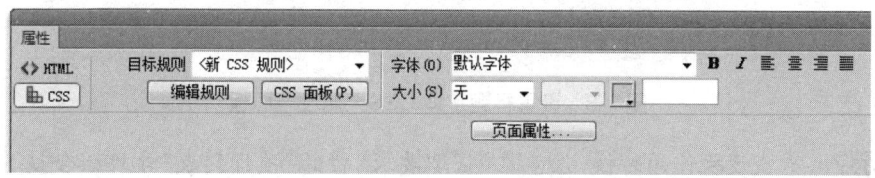

图 2-6 CSS "属性" 面板

CSS "属性" 面板中主要设置文本的字体、大小和颜色，也可进行文本对齐方式的设置。 依次分别表示左对齐、居中对齐、右对齐和两端对齐。

3. 实例

完成图 2-1 中公司招聘要求的具体操作步骤如下。

(1) 新建网页并保存在本地站点中，并命名为 mgzp.html。

(2) 在 "设计" 视图中输入完整的招聘要求内容。

(3) 在 "设计" 视图中按组合键 Ctrl+J，在弹出的 "页面属性" 对话框中设置字体大小为 12 号。

(4) 选中文本 "某公司网站制作美工设计人员招聘要求"，在 HTML "属性" 面板中设置 "格式" 为 "标题 2"；在 CSS "属性" 面板中单击 按钮弹出如图 2-7 所示的对话框，新建一个样式 ".bt"。设置颜色值为 "#00F"，字体加粗后，CSS "属性" 面板如

图 2-8 所示。

(5) 选中文本"岗位职责:",在 HTML"属性"面板的"格式"下拉列表中选择"标题 4",然后单击 ⬛、⬛ 按钮。同理,完成"任职要求:"的设置。

(6) 框选"岗位职责:"的具体要求,在 HTML"属性"面板中单击 ⬛、⬛ 按钮。同理,完成"任职要求:"具体要求的设置。

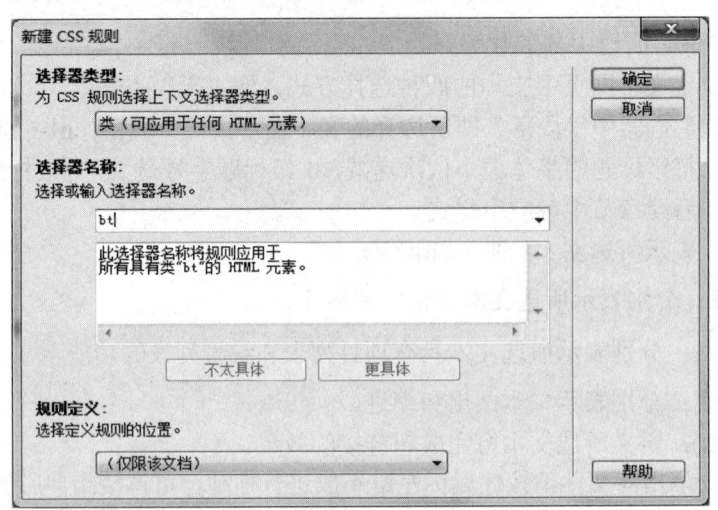

图 2-7 "新建 CSS 规则"对话框

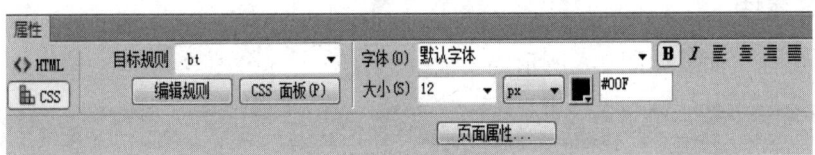

图 2-8 设置标题字体 CSS"属性"面板

提示: 第 5 步操作的时候,注意在"任职要求"栏的"项目列表"处按组合键 Shift+Tab 进行单独列表设置。

图 2-1 中公司招聘要求效果图对应的 HTML 代码如表 2-1 所示,其中涉及的 CSS 样式如表 2-2 所示。

表 2-1 公司招聘要求效果图 HTML 代码

序 号	HTML 代码
1	<h2 class="bt">某公司网站制作美工设计人员招聘要求</h2>
2	<ul>
3	<li>
4	<h4>岗位职责:
5	</h4>
6	<ol>
7	<li>处理日常商品图片,制作各种网络广告和图片,更新产品页面,

续表

序　号	HTML 代码
8	设计产品页面风格，编写宝贝详情等；</li>
9	<li>编辑公司各种产品的文字介绍，按照公司指示及时发布公司的各种
10	信息，更新网站相关内容；</li>
11	<li>负责策划、设计网站品在重大节日的促销图片；</li>
12	<li>满足公司其他部门所提出的美工方面的需求。</li>
13	</ol>
14	</li>
15	</ul>
16	<ul>
17	<li>
18	<h4>任职要求：</h4>
19	<ol>
20	<li>计算机相关专业专科以上学历；
21	</li><li>有网站美工经验 1 年以上，优秀应届毕业生可考虑；</li>
22	<li>精通 PS、DW，熟悉或精通 Flash 者优先；</li>
23	<li>精通 CSS+DIV、HTML 等 Web 技能；了解 Javascript，了解后台
24	程序制作流程；</li>
25	<li>掌握 CorelDRAW 或者 Illustrator 等矢量图形编辑软件；</li>
26	<li>思维敏捷，想象力丰富、悟性好，积极主动、工作认真，沟通协作
27	能力强，富有团队精神；</li>
28	<li>有较高的美术基础和审美能力；</li>
29	<li>可以独立自主地进行网站美工设计；</li>
30	<li>有网店美工设计经验者优先考虑；
31	</li><li>应聘简历请附相关作品或链接(无作品勿扰)。</li>
32	</ol>
33	</li>
34	</ul>

表 2-1 关键代码解释如下。

第 1 行：表示应用类.bt 的样式。

第 2 和 15 行：<ul></ul>表示项目列表的标签。

第 3 和 14 行：<li></li>表示列表的标签。

第 6 和 13 行：<ol></ol>表示编号列表的标签。

表 2-2 公司招聘要求效果图 CSS 代码

序　号	CSS 代码
1	<style type="text/css">
2	.bt {
3	font-weight: bold;
4	color: #00F;
5	}
6	body,td,th {
7	font-size: 12px;
8	}
9	</style>

表 2-2 关键代码解释如下。

第 1 和 9 行：<style></style>表示定义一个样式。

第 2～5 行：.bt 表示定义了一个样式，其中 font-weight 表示加粗、color 表示颜色。

第 6～8 行：表示在 body、td、th 中定义了一个字体大小为 12px 的样式。

提示：　在设置了项目(编号)列表后，可在 HTML "属性"面板中单击"列表项目"按钮进行列表类型、样式与重设计数等的设置，读者可自行操作。

2.1.3　插入特殊文本

特殊文本包括特殊符号、日期、水平线和注释等。

1. 插入特殊符号

所谓特殊符号，是指通过键盘无法直接输入的一类符号，如版权符号©、注册商标®、商标符号TM等。

在打开的网页文件中将光标置于插入点，使用以下 2 种方法，可插入特殊符号。

- 选择"插入"→HTML→"特殊字符"菜单命令，选择需要的特殊字符。
- 在"插入"面板的"文本"选项卡中单击 图标旁边的下拉三角，在弹出的列表中选择要插入的符号。

如果需要的字符没有在列表中显示，则选择"其他字符"选项，弹出"插入其他字符"对话框，选择字符后插入，如图 2-9 所示。

2. 插入日期

在打开的网页文件中将光标置于插入点，使用以下 2 种方法，可插入 Dreamweaver CS6 提供的日期对象。

- 选择"插入"→"日期"菜单命令。
- 在"插入"面板的"文本"选项卡中单击 按钮。

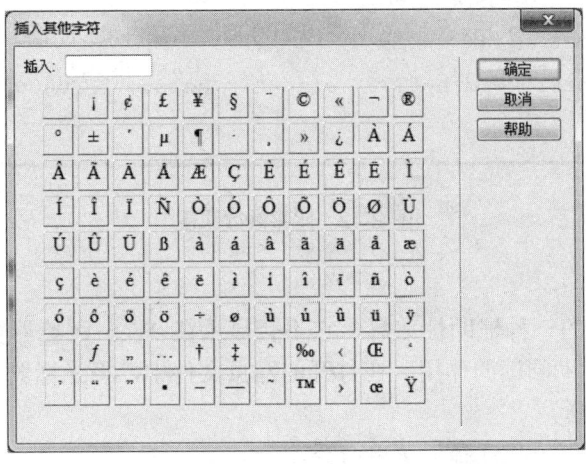

图 2-9　"插入其他字符"对话框

弹出"插入日期"对话框,如图 2-10 所示。选择下拉列表中的选项可进行星期格式、日期格式、时间格式等的设置。如果希望在每次保存文档时更新插入的日期,可选择"储存时自动更新"复选框。

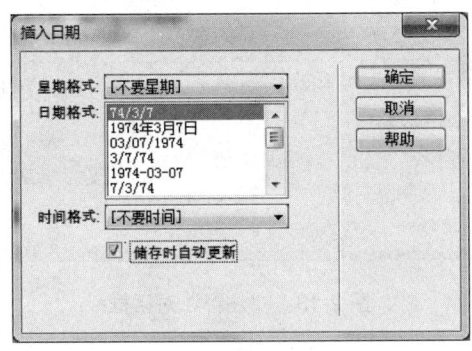

图 2-10　"插入日期"对话框

3. 插入水平线

水平线主要用于分割文本段落、进行页面修饰等。在打开的网页文件中,将光标置于插入点,可以使用以下 2 种方法插入水平线。

● 选择"插入"→HTML→"水平线"菜单命令。

● 在"插入"面板的"常用"选项卡中单击▦按钮。

插入的水平线,可在"属性"面板中设置宽度、高度和对齐方式,如图 2-11 所示。

图 2-11　水平线的属性

可在"代码"视图中输入 color 属性设置水平线的颜色。例如,图 2-12 中的代码设置

了一个宽度为 700px、高为 2px、颜色为"#FF0000"、居中的水平线。

```
<hr align="center" width="700" size="2" color="#FF0000" />
```

图 2-12　水平线效果图

4. 插入注释

注释是 HTML 的一种辅助性信息，它不会显示在 Web 浏览器窗口中，只是在编写
HTML 代码时起到辅助阅读的作用。在打开的网页文件中，将光标置于插入点，使用以下
2 种方法可以插入注释。

● 　选择"插入"→"注释"菜单命令。
● 　在"插入"面板的"文本"选项卡中单击 按钮。

在弹出的对话框中，可输入需要注释的内容，如图 2-13 所示。对应在"代码"视图中
会生成如下呈灰色字体显示的语句：

```
<!--以下代码主要完成界面的设计！ -->
```

图 2-13　"注释"对话框

2.1.4　文本超链接

链接又称超链接(HyperLink)，是网页之间的桥梁。使用超链接，每一个网站可由多个
网页相互链接构成，网页之间能够自由地切换，它是网页制作中必不可少的元素之一。超
链接通常由源端点和目标端点两部分构成。根据源端点的不同，超链接可分为文本超链接、
图像超链接和表单超链接；根据目标端点的不同，超链接分为内部超链接、外部超链接、
电子邮件超链接和锚记超链接。

1. 路径

在超链接中，路径通常有以下 3 种表示方法。

1)　绝对路径

绝对路径就是被链接文档的完整 URL，包括所使用的传输协议。当创建的链接要链接
到网站以外的其他某个网站的文件时，必须使用绝对路径，例如链接到网易新闻：
http://www.163.com。

2)　文档相对路径

文档相对路径是指以当前文档所在位置为起点到被链接文档经由的路径。当创建的链

接要链接到网站内部文件时，通常使用文档相对路径。与同一级文件夹内的文件链接，只写文件名即可；与下一级文件夹里的文件链接，直接写出文件夹名称和文件名即可；与上一级文件夹里的文件链接，在文件夹名和文件前加上"../"即可。

3) 站点根目录相对路径

站点根目录相对路径是指所有路径都开始于当前站点的根目录，以"/"开始，"/"表示站点根文件夹。通常只有在站点的规模非常大、文件需要复制在几个服务器上，或者是在一个服务器上放置多个站点时，才使用站点根目录相对路径。

2. 文本超链接

文本超链接是网页中最常见的超链接，当鼠标指针经过某些文本时，这些文本会出现下划线，或文本的颜色、字体会发生改变，这就意味着它是带链接的文本。使用以下2种方法，可创建文本超链接。

- 选择"插入"→"超级链接"菜单命令。
- 在"插入"面板的"常用"选项卡中单击 📎 按钮。

选中需要创建超链接的文本，并按照以上任意一种方法操作后，弹出如图2-14所示的对话框。

图2-14 "超级链接"对话框

"超链接"对话框中各属性参数解释如下。

- 文本：<a></a>之间的文本，超链接的源端点，即选中的创建超级链接的文本。
- 链接(href)：链接的目的URL，可以是站点内部网址，也可以是外部网址。
- 目标(target)：有5种方式，其中_blank表示在新窗口中打开链接；_parent表示在父窗体中打开链接；_self表示在当前窗体打开链接(默认值)；_top表示在当前窗体打开链接，并替换当前的整个窗体(框架页)；new表示在新窗口中打开链接。
- 标题(title)：当指针放到超链接文本上的文本显示信息。
- 访问键：设置访问超文本的快捷键。
- Tab键索引：用于设置超文本对象在网页中使用Tab键访问的顺序。

该对话框设置的超链接对应代码如下：

```
<a href="http://www.163.com" title="网易新闻" target="_blank">163</a>
```

也可在"设计"视图中选中文本，如"163"，在"属性"面板的"链接"下拉列表框中输入目标URL，在"目标"下拉列表框中选择打开方式，如图2-15所示。

图 2-15　超链接的属性

3. 锚链接

若设计的页面篇幅很长，浏览网页时需要拖动上下滚动条来查看文档。为了方便浏览，可对页面不同对象分别设置锚点和锚链接，从而快速找到待查找的信息。使用以下 2 种方法，可创建锚链接。

● 选择"插入"→"命名锚记"菜单命令。

● 在"插入"面板的"常用"选项卡中单击 按钮。

如图 2-16 所示，新建网页 xlxs.html，输入文字，在项目列表"环境资源"后按以上任意一种方式创建锚点，在弹出的"命名锚记"对话框中输入"hjzy"，如图 2-17 所示。选中水平线上的文字"环境资源"，在 HTML "属性"面板的"链接"下拉列表框后输入"#锚记名称"，如"#hjzy"，最终创建锚记效果如图 2-17 所示。最后，按 F12 键可预览网页的链接效果。

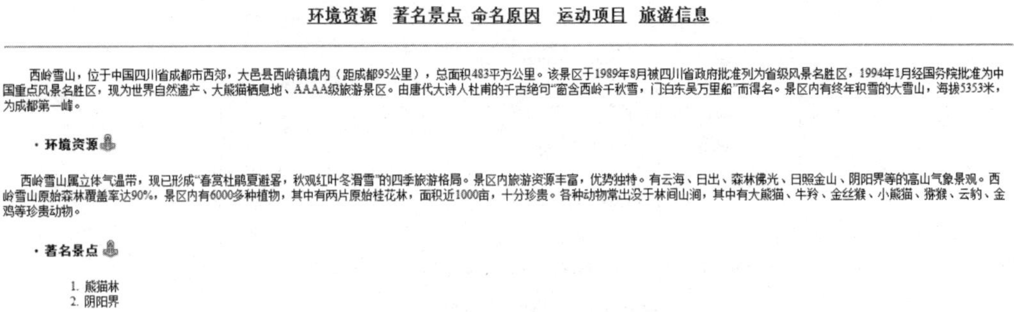

环境资源　著名景点　命名原因　运动项目　旅游信息

　　西岭雪山，位于中国四川省成都市西郊，大邑县西岭镇境内（距成都95公里），总面积483平方公里。该景区于1989年8月被四川省政府批准列为省级风景名胜区，1994年1月经国务院批准为中国重点风景名胜区，现为世界自然遗产、大熊猫栖息地、AAAA级旅游景区。由唐代大诗人杜甫的千古绝句"窗含西岭千秋雪，门泊东吴万里船"而得名。景区内有终年积雪的大雪山，海拔5353米，为成都第一峰。

· 环境资源

　　西岭雪山属立体气温带，现已形成"春赏杜鹃夏避暑，秋观红叶冬滑雪"的四季旅游格局。景区内旅游资源丰富，优势独特。有云海、日出、森林佛光、日照金山、阴阳界等的高山气象景观。西岭雪山原始森林覆盖率达90%，景区内有6000多种植物，其中有两片原始杜花林，面积近1000亩，十分珍贵。各种动物常出没于林间山涧，其中有大熊猫、牛羚、金丝猴、小熊猫、猕猴、云豹、金鸡等珍稀动物。

· 著名景点

　　1. 熊猫林
　　2. 阴阳界

图 2-16　文档窗口中的锚记

图 2-17　"命名锚记"对话框

提示：（1）如果不希望锚点在页面编辑状态显示出来，可以选择"编辑"→"首选参数"菜单命令(组合键为 Ctrl+U)，在对话框左边"分类"列表框中选择"不可见元素"选项，右边就会显示"不可见元素"选项设置界面。取消选中命名锚记图标 即可。

（2）若要链接的是另一个页面中的锚记，在"链接"下拉列表框中输入"#文件名称#锚记名称"。

4. 空链接

空链接是指没有指定目标文件的链接，这样的链接在单击时不进行任何跳转。建立空链接的目的是为了向页面上的对象或文本附加行为。选中指定空链接的文本，在"属性"面板的"链接"下拉列表框中输入"#"即可。

5. 电子邮件 E-mail 链接

E-mail 链接是一种特殊的链接，当浏览者单击该链接时，就能打开浏览器默认的空白通信窗口创建电子邮件，并将相关内容发到收件人邮件地址。使用以下 2 种方法，可创建电子邮件链接。

● 选择"插入"→"电子邮件链接"菜单命令。

● 在"插入"面板的"常用"选项卡中单击 按钮。

在"设计"视图中选中文本"联系我们"，按以上任意一种方式创建电子邮件，在弹出的对话框中输入要添加的电子邮件信箱即可，如图 2-18 所示。

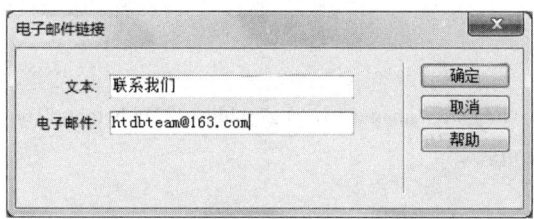

图 2-18 "电子邮件链接"对话框

提示： 也可以选中要创建电子邮件的文本，在"属性"面板的"链接"下拉列表框中输入 mailto:htdbteam@163.com。

2.2 图 像

图像是网页中必不可少的元素之一，可起到装饰作用，如背景图像；也可起传递信息的作用，与文本的功能一致。图片展示预览效果如图 2-19 所示。

图 2-19 图片展示预览效果图

图 2-19 效果图代码如表 2-3 所示。

表 2-3　图片展示效果图代码

序　号	HTML 代码
1	<table width="750" border="0" cellspacing="0" cellpadding="0"
2	background="images/bj.jpg">
3	<tr>
4	<td height="112" colspan="2"> </td>
5	</tr>
6	<tr>
7	<td width="413" align="right"> </td>
8	<td width="337" align="left"><img src="images/duck.gif" width="155"
9	height="182" align="middle" /></td>
10	</tr>
11	<tr>
12	<td colspan="2"><img src="images/hxc.png" width="221" height="166"
13	align="right" /></td>
14	</tr>
15	</table>

表 2-3 中关键代码解释如下。

第 1~2 行：表示表格宽度 750、没有边框、单元格间距和边距为 0，有一张背景图片 bj.jpg。

第 3、5 行：<tr></tr>表示表格的行标记，成对出现。

第 4 行：表示跨了 2 列。

提示：　表格布局将在第 3 章介绍，可先照着参考代码完成此效果。

2.2.1　图像格式

目前，在网页中最为普遍且被各种浏览器广泛支持的图像格式有 3 种：GIF、JPEG/JPG、PNG。

1. GIF 图像

GIF(Graphics Interchange Format，可交换图像格式，文件扩展名为.gif)是网页中使用最广泛、最普遍的一种图像格式。该格式采用无损压缩方法，文件小、下载速度快，但只支持 256 色以内的图像，不适用于色彩复杂的图像，常用于标题和卡通图像。GIF 支持透明背景图像，它将多幅图像保存为一个文件从而形成动画。

2. JPEG/JPG 图像

JPEG(Joint Photographic Expert Group，联合照片专家组，文件扩展名为.jpg)是目前网

页中最受欢迎的图像格式。该格式支持 24 位真彩色，适用于需要表现细腻颜色细节的图像上使用，但 JPG 的图像往往比较大，可以达到几兆字节。由于 JPG 格式图像具有较高的压缩率，提高了浏览器下载速度，被广泛应用在网页中。

3. PNG 图像

PNG(Portable Network Graphics，可移植网络图形，文件扩展名为.png)是一种新兴的网络图片格式。该格式汲取了 GIF 和 JPG 两者的优点，存储形式丰富，同时兼有它们的色彩模式。PNG 采用无损压缩方式减少文件的大小，能把图像文件压缩到极限以利于网络传输，又能保留所有与图像品质有关的信息。

2.2.2 插入图像

在文档窗口，在插入图像的光标处使用以下 3 种方法，将弹出"选择图像源文件"对话框，选中某个图像文件即可。

- 选择"插入"→"图像"菜单命令(组合键为 Ctrl+Alt+I)。如在图 2-19 表格布局中第 2 行第 2 列单元格里选中 duck.gif，单击"确定"按钮。
- 在"插入"面板的"常用"选项卡中单击█按钮。如在图 2-19 表格布局中第 3 行合并后的单元格里选中 hxc.png，单击"确定"按钮。
- 在"资源"面板中单击█按钮，选中某个图像的"站点"单选按钮，展开根目录的图片文件夹，选中某个图像文件，按住鼠标左键不放拖动到工作区的合适位置。

2.2.3 设置图像属性

图像属性包括图像的名称、大小、源文件、图像的链接、图像的文本说明、图像的边距、图像边框等。新建网页文件 untitled1.html，插入图像文件 hxc.png，图像属性面板如图 2-20 所示。

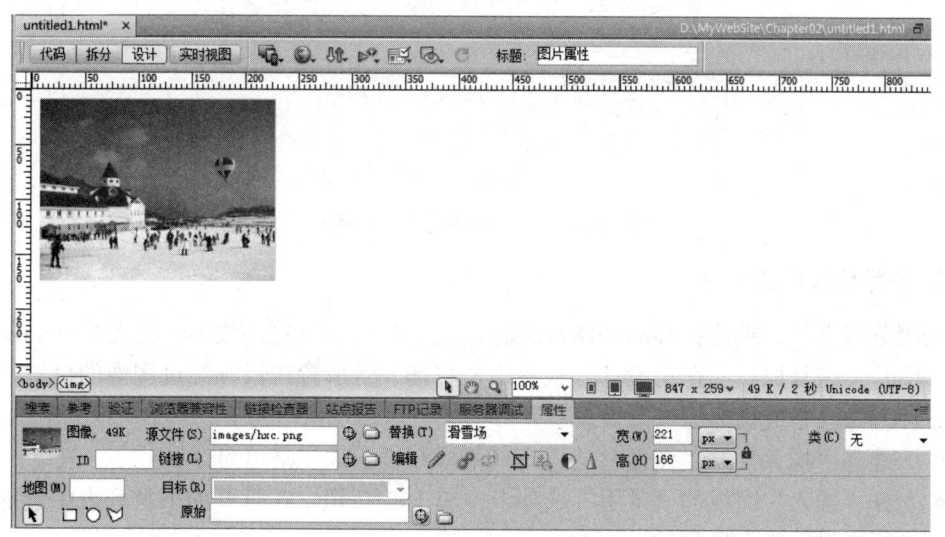

图 2-20　图像"属性"面板

图像"属性"面板部分属性含义如下，其他属性将在图像链接时进行介绍。

- 源文件(src)：图片的路径，其后的两个图标与文本功能一致。
- 替换(alt)：图片的文字注释，当图片不能正常显示时，图片的位置将会显示"替换"下拉列表中输入的内容。
- 宽(width)、高(height)：以像素为单位指定图像的宽度与高度。
- 编辑：Dreamweaver CS6 中提供了基本图像编辑功能，无须使用外部图像编辑软件即可修改图像。常用功能分别是 ✎(编辑)、✐(编辑图像设置)、◻(剪裁)、◑(亮度和对比度)、△(锐化常用于图像边缘不清晰时)等。

设置对应的属性代码如下：

```
<img src="images/hxc.png" alt="滑雪场" width="221" height="166" />
```

2.2.4 其他图像元素

1. 图像占位符

在某个网页中，若找不到合适的图像，可先找一个临时代替的图像，放在最终图像的位置上作为临时替代，占用相应的页面空间。插入图像占位符，有以下 2 种方法。

- 选择"插入"→"图像对象"→"图像占位符"菜单命令。
- 在"插入"面板中的"常用"选项卡中单击▣按钮，在打开的列表中选择"图像占位符"选项。

采用以上任意一种插入图像占位符方式，会弹出如图 2-21 所示的对话框，设置相关参数，最后会在网页文档出现如图 2-22 所示的效果图。

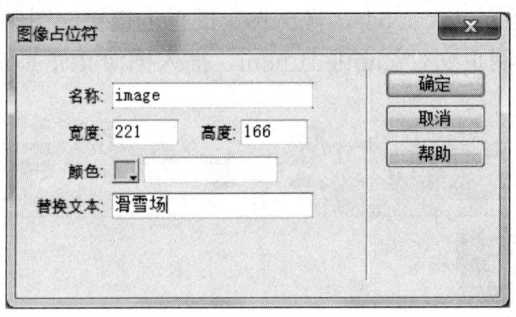

图 2-21 "图像占位符"对话框

2. 鼠标经过图像命令

在浏览网页时，把鼠标移动到图片上时，这张图片可以更换成另一张图片；当鼠标移开时，图片又恢复原状。在"设计"视图中，将插入点放置在鼠标经过图像的位置，使用以下 2 种方法，完成鼠标经过图像设置。

- 选择"插入"→"图像对象"→"鼠标经过图像"菜单命令。
- 在"插入"面板的"常用"选项卡中单击▣按钮，在打开的下拉列表中选择"鼠标经过图像"选项。

采用以上任意一种鼠标经过图像方式，都会弹出如图 2-23 所示的对话框。

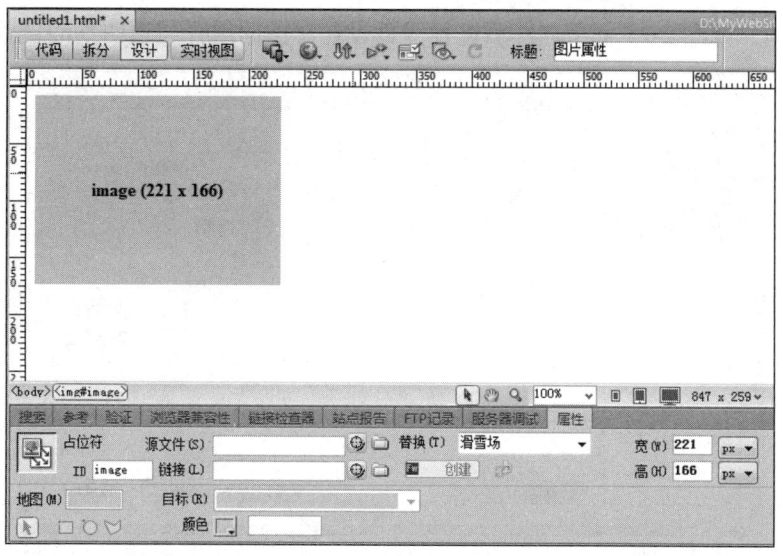

图 2-22 插入占位符效果图

图 2-23 "插入鼠标经过图像"对话框

　　设置好"插入鼠标经过图像"对话框后,实时视图中开始出现绿色的按钮,当鼠标移到该图片时,会变成黄色的按钮,效果如图 2-24 所示。

图 2-24 鼠标经过图像效果图

提示: 　(1) 事先准备的图片大小应相等,外观相似又有明显区别。
　　　　(2) 在"代码"视图中会出现大量的 JavaScript 代码,读者可大致熟悉主要功能即可,暂不必深究。

3. 跟踪图像

　　跟踪图像是 Dreamweaver CS6 一个非常有效的功能,利用手绘或绘图软件绘制出平面设计稿作为网页设计的蓝图,在制作网页时将此作为页面的辅助背景,可以方便定位文字、图像、表格等网页元素。具体操作是在"页面属性"对话框中选择"分类"列表框中的"跟踪图像"选项，如图 2-25 所示，然后进行网页设计源图的选择与透明度的设置。

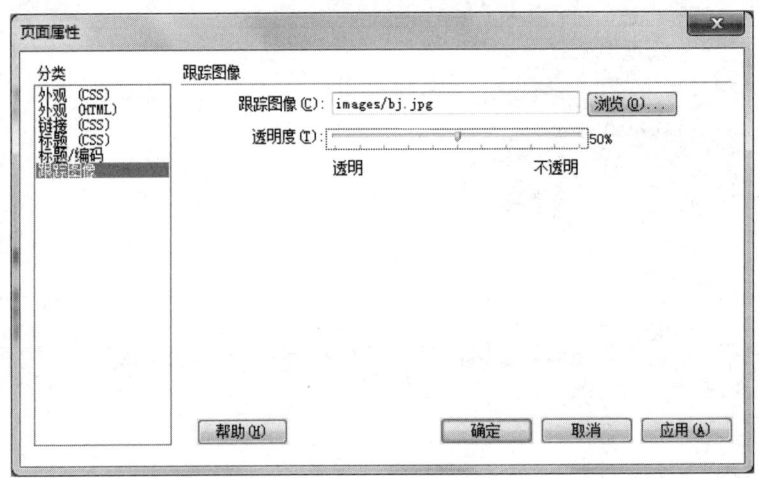

图 2-25　跟踪图像"页面属性"对话框

2.2.5　图文混排

所谓图文混排，就是将图像和文字进行混合排列，如图 2-26 所示。网页中进行图文混排时，图像和文字之间的对齐方式是通过图像的 align 属性来设定的。align 属性的取值有以下 5 种。

- top：图片顶端和文字顶端对齐。
- middle：居中。
- bottom：图片底端和文字底部对齐。
- left：居左。
- right：居右。

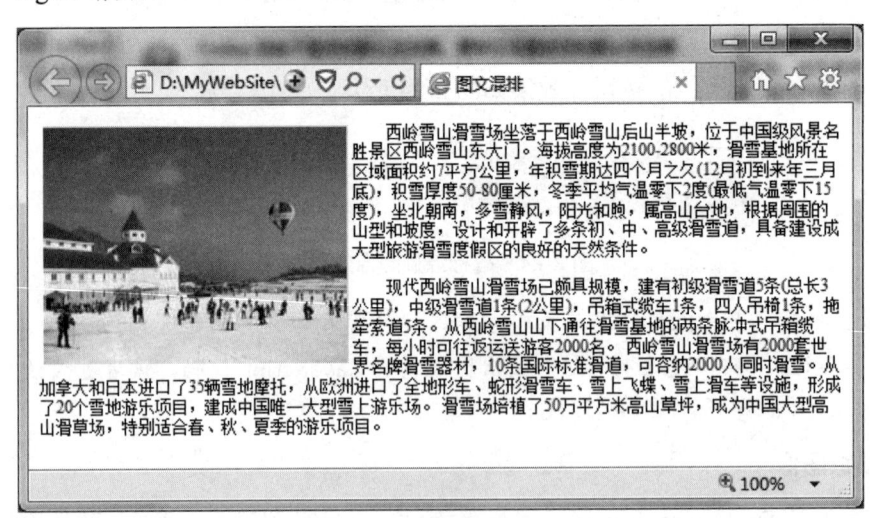

图 2-26　图文混排预览效果图

实现如图 2-26 所示的图文混排效果操作如下：新建网页 twhp.html，在"设计"视图中输入如图 2-26 所示的文字，在首行文字左侧按组合键 Ctrl+Alt+I，选择需要的图片。选中图片并右击，在弹出的快捷菜单中选择"编辑标签"命令(组合键为 Shift+F5)，在弹出的"标签编辑器 - img"对话框中进行如图 2-27 所示的设置并预览效果。

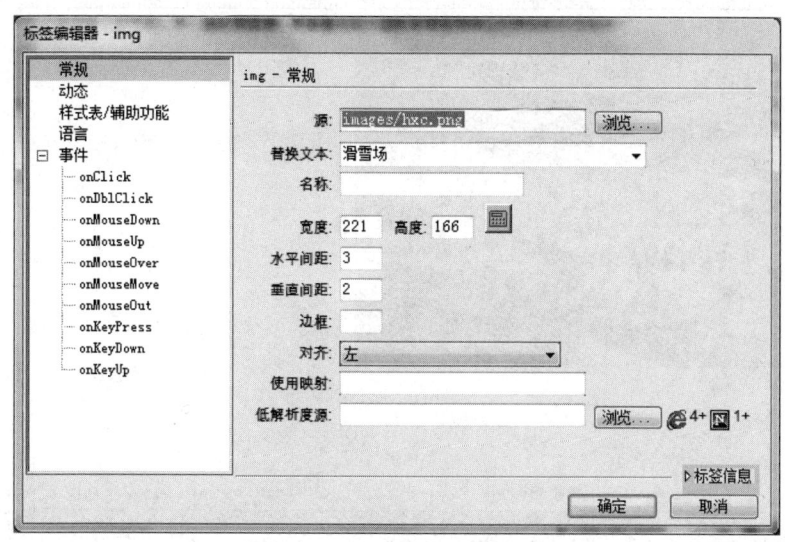

图 2-27 "标签编辑器 - img"对话框

对话框设置对应的代码如下：

```
<img src="images/hxc.png" alt="滑雪场" width="221" height="166" align="left"
hspace="3" vspace="2" />
```

提示：　(1)　水平间距与垂直间距是指图像与邻近对象之间的距离，单位为 px。
　　　　(2)　在图文混排时，常选择对齐选项中的左与右。

2.2.6　图像超链接

图像超链接是指以图像作为链接的对象，以实现网页形式的丰富、页面的美化。建立图像超链接与建立文本超链接方法类似。

1. 建立图像超链接

(1)　新建网页文件 tplink.html，按组合键 Ctrl+Alt+I，选择所需要的图片文件，如插入图片文件 xlxs.png。

(2)　选中要创建链接的图像。

(3)　在"属性"面板的"链接"文本框中设置超链接的源文件，可按照以下 3 种方法操作。

● 直接在"链接"文本框中输入链接文件的地址。

● 单击"链接"文本框后的 □(浏览文件)按钮，在打开的"选择文件"对话框中选择链接文件。

● 单击"链接"文本框后的 ⊕(指向文件)按钮，按住鼠标左键不放拖向站点中的目标文件，松开鼠标后，系统自动将获取目标文件路径及文件名并显示在"链接"文本框内，如图 2-28 所示。

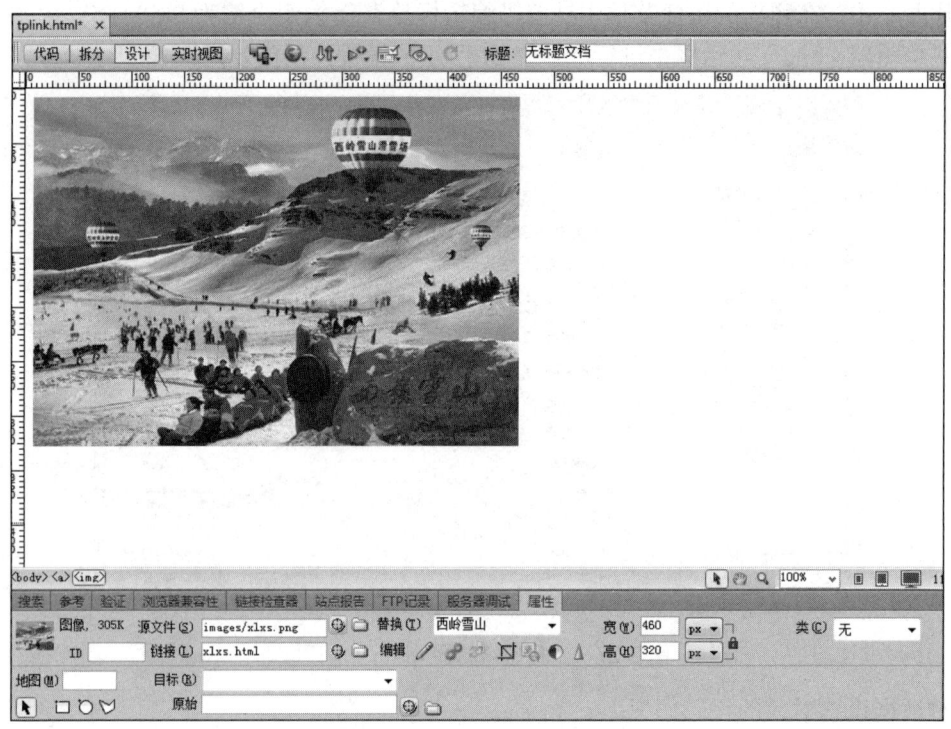

图 2-28 图像超链接效果图

(4) 按 F12 键就可以预览网页。当鼠标移到图像上时，鼠标指针将会变成手指形状，单击该图像，即可跳转到图像所链接的页面。

2. 制作图像映射

图像映射是指在一张图片上定义多个不同区域以链接到多个不同的链接地址上。在图像上定义的这个区域，称为热点。

(1) 创建热点区域，可使用以下 2 种方法。

● 选中要创建热点区域的图像 xlxs.png，在"属性"面板的"地图"文本框中输入图像映射名称"Map"。

● 选择热点工具 □ ○ ▽ (矩形、圆形、多边形)中的任一种，进入热点区域绘制状态。当鼠标指针变成"＋"形状时，根据需要在图像上绘制一个不规则热区，此时指定图像的热点区域显示为透明的蓝色。

(2) 调整热点区域。选中热点区域，可对其大小、位置进行适当的调整。

(3) 设置热点区域的超链接。选中热点区域，在"属性"面板上指定链接地址和链接的打开方式，如图 2-29 所示。

(4) 完成热区链接后，按 F12 键预览，将鼠标指向热点区域单击，浏览器将直接打开所链接页面。

图 2-29　创建图像映射

2.3　多　媒　体

媒体技术的发展使网页设计者能够轻松地在页面中加入声音、动画、视频等内容，使制作的网页充满了乐趣。本节将介绍制作动画、添加音乐和视频的方法。

2.3.1　网页中的动画

网页中的动画主要有 GIF 动画和 Flash 动画，其中 GIF 动画在 2.2 节中已经介绍过。Flash 动画是网上最流行的动画格式，被大量用于网页中，深受广大浏览者的喜爱。

1. 插入 Flash 动画

在"设计"视图中，将插入点放置在插入 Flash 动画的位置，可使用以下 2 种方法完成插入操作。

- 选择"插入"→"媒体"→SWF 菜单命令，组合键为 Ctrl+Alt+F。
- 在"插入"面板的"常用"选项卡中单击 按钮，在打开的下拉列表中选择 SWF 选项。

采用以上任意一种方法插入 Flash 动画，都会弹出如图 2-30 所示的对话框，单击"确定"按钮后，在"设计"视图中会出现一个带字母 F 的灰色图标，如图 2-31 所示。保存后按 F12 键，可在浏览器窗口中看到如图 2-32 所示的效果。

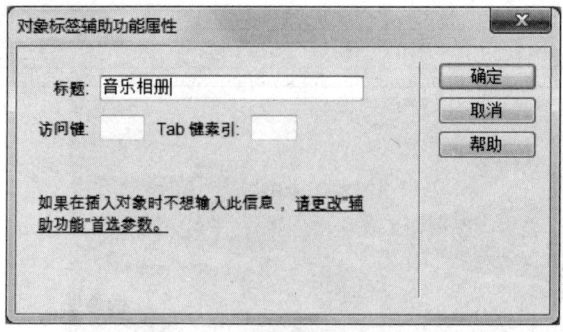

图 2-30　Flash 对象标签辅助功能属性

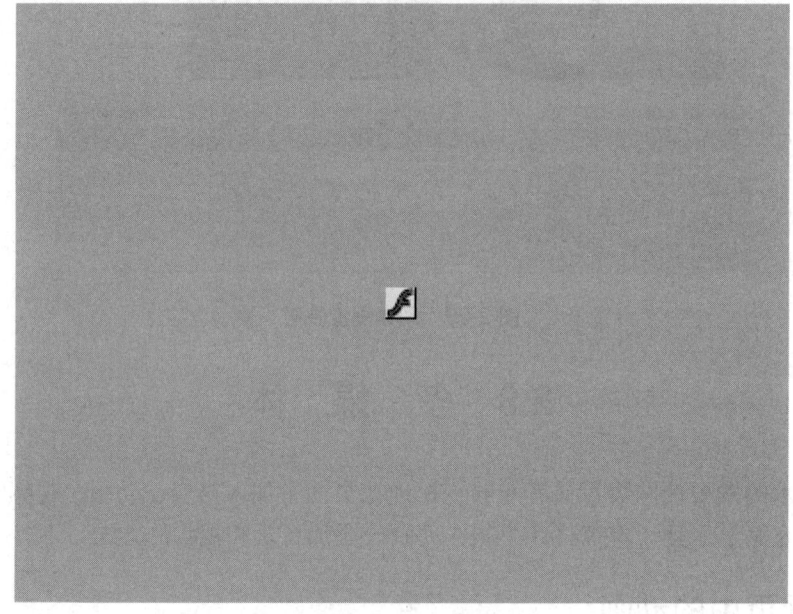

图 2-31　插入的 Flash

图 2-32　Flash 预览效果图

2. 动画属性设置

插入 Flash 文件后，可通过"属性"面板对其进行设置，如图 2-33 所示。

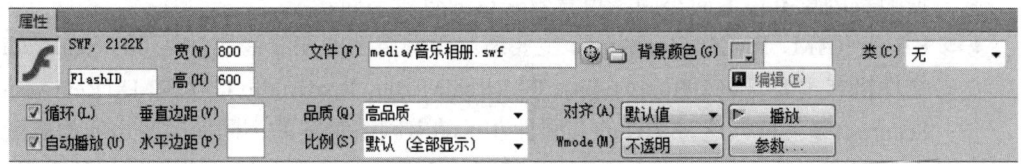

图 2-33　"属性"面板

"属性"面板中的部分参数解释如表 2-4 所示。

表 2-4　"属性"面板中的部分参数

序　号	属　性	解　释
1	循环	影片在播放一次后会连续播放，建议选中该复选框
2	自动播放	设置 Flash 文件是否在页面加载时自动播放，建议选中该复选框
3	品质	在影片播放期间控制失真。设置越高，影片的观看效果就越好，建议选择"高品质"选项
4	比例	可选择"默认(全部显示)""无边框""严格匹配"选项，建议选择第一个选项
5	Wmode	设置 Flash 文件背景变成透明与否
6	参数	可以为 Flash 文件设置一些特有的参数，如 Flash 版本等

提示： 滚动动画可使用<marquee>标签，完成文字或图片的滚动效果。

```
<marquee scrolldelay="120" direction="up">滚动文字或图像
</marquee>
```

其中，

● scrolldelay: 表示滚动延迟时间，默认值为 90ms。

● direction: 表示设置文字或图片的滚动方向，默认为从右向左，有 up、down、left、right 4 个值可选。

2.3.2　音乐播放功能

1. 网页中常用的音频格式

在网页中可插入的声音格式有很多，主要包括以下几种。

● WAV：录音时用的标准的 Windows 文件格式，扩展名为.WAV，数据本身的格式为 PCM 或压缩型，属于无损音乐格式的一种。它具有较高的声音质量，能够被大多数浏览器支持，不需要插件。

● MP3：压缩格式的声音，可以令声音文件相对于 WAV 格式明显缩小，其声音品质非常好。

- MIDI 或 MID：Musical Instrument Digital Interface，意为乐器数字接口，是编曲界应用最广泛的音乐标准格式，可称为"计算机能理解的乐谱"。声音品质非常好，但随着浏览者声卡的不同，声音效果也会有所不同。
- RA 或 RAM、RMX：RealAudio 主要适用于网络上的在线播放。现在的 RealAudio 文件格式主要有 RA(RealAudio)、RM(RealMedia，RealAudio G2)、RMX(RealAudio Secured)等三种，这些文件的共同性在于随着网络带宽的不同而改变声音的质量，在保证大多数人听到流畅声音的前提下，令带宽较宽敞的听众获得较好的音质。前提是浏览者必须先下载并安装 RealPlayer 辅助应用程序。

2. 插入声音

在网页中嵌入声音的具体步骤如下。

(1) 在"设计"视图中，将插入点放置在插入声音的位置，使用以下 2 种方法完成插入操作。

- 选择"插入"→"媒体"→"插件"菜单命令。
- 在"插入"面板的"常用"选项卡中单击 按钮，在打开的下拉列表中选择"插件"选项。

(2) 在"选择文件"对话框中选择要插入的声音文件"献给爱丽丝.mp3"，单击"确定"按钮，并调整到适当大小，保存文件并预览效果，如图 2-34 所示。

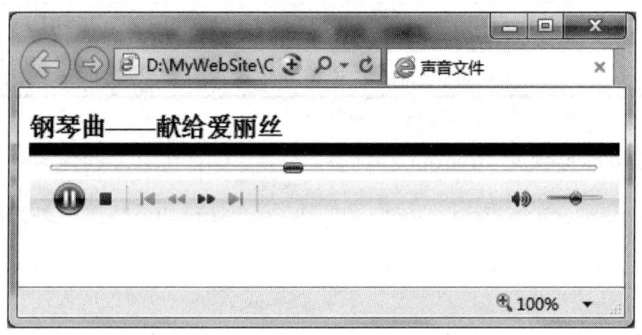

图 2-34　声音文件预览效果图

3. 添加背景音乐

网页中的背景音乐(background music，BGM)，通常在网站中用于烘托网页氛围，实现一种美的感受。在网页中添加背景音乐的操作方式可按如下方法进行。

在 Dreamweaver CS6 中打开网页文件，切换到"代码"视图，将光标定位在<head></head>之间，然后添加如下代码：

```
<bgsound src="media/蓝色的爱.mp3" loop="-1" />
```

其中，src 属性用于设置声音的来源文件；loop 用于设置循环播放，-1 表示循环播放；另外还有 delay 表示延迟、volume 表示音量。

2.3.3 视频播放功能

1. 网页中常用视频格式

- MPEG(MPG)：压缩比率较大的活动图像和声音的视频压缩标准，也是 VCD 光盘所使用的标准。
- AVI：Microsoft Windows 操作系统所使用的多媒体文件格式。
- WMV：Windows 操作系统自带的媒体播放器 Windows Media Player 所使用的多媒体文件格式。
- RM：是 Real 公司推广的一种多媒体文件格式，具有非常好的压缩比率，是网上应用最广泛的格式之一。
- MOV：是 Apple 公司推广的一种多媒体文件格式。
- FLV：FLV 是 Flash Video 的简称，FLV 流媒体格式是随着 Flash MX 发展而来的视频格式。由于它形成的文件极小、加载速度极快，使得网络观看视频文件成为可能。

2. 插入视频

在网页中嵌入视频的具体步骤如下。

(1) 在"设计"视图中，将插入点放置在插入视频的位置，可使用以下 2 种方法完成插入操作。

- 选择"插入"→"媒体"→"插件"菜单命令。
- 在"插入"面板的"常用"选项卡中单击 按钮，在打开的下拉列表中选择"插件"选项。

(2) 使用以上任意一种方式插入视频，会弹出如图 2-35 所示的对话框。单击"确定"按钮后保存，按 F12 键，可在浏览器窗口看到如图 2-36 所示的效果。

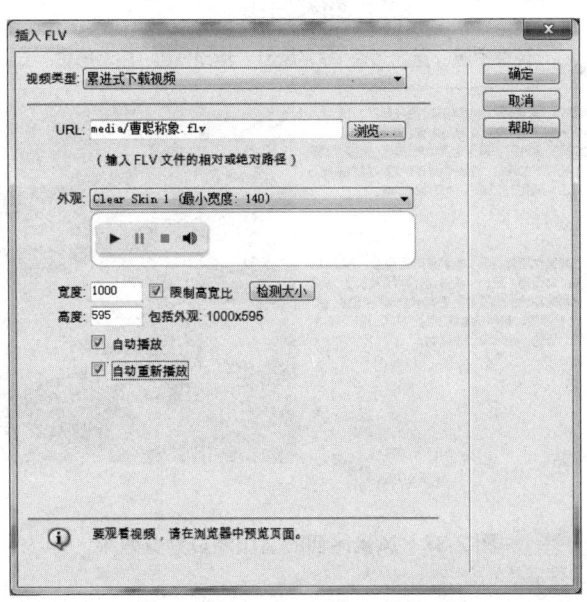

图 2-35 "插入 FLV"对话框

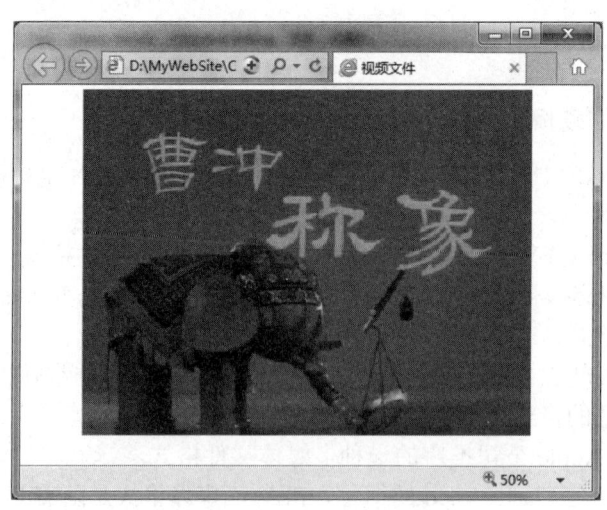

图 2-36　视频文件预览效果

2.4　实　例　演　示

2.4.1　实例情景——制作风景区网页

设计制作风景区网页，以西岭雪山为例，要求采用文本、图像、超链接等实现完成。

2.4.2　实例效果

风景区西岭雪山的网页预览效果如图 2-37 所示。

西岭雪山

环境资源　著名景点　命名原因　运动项目　旅游信息

西岭雪山，位于中国四川省成都市西郊，大邑县西岭镇境内（距成都95公里），总面积483平方公里。该景区于1989年8月被四川省政府批准列为省级风景名胜区，1994年1月经国务院批准为中国重点风景名胜区，现为世界自然遗产、大熊猫栖息地、AAAA级旅游景区。由唐代大诗人杜甫的千古绝句"窗含西岭千秋雪，门泊东吴万里船"而得名。景区内有终年积雪的大雪山，海拔5353米，为成都第一峰。

● **环境资源**

西岭雪山属立体气温带，现已形成"春赏杜鹃夏避暑，秋观红叶冬滑雪"的四季旅游格局。景区内旅游资源丰富，优势独特。有云海、日出、森林佛光、日照金山、阴阳界等的高山气象景观。西岭雪山原始森林覆盖率达90%，景区内有6000多种植物，其中有两片原始桂花林，面积近1000亩，十分珍贵。各种动物常出没于林间山涧，其中有大熊猫、牛羚、金丝猴、小熊猫、豺狼、云豹、金鸡等珍贵动物。

● **著名景点**

1. 熊猫林
2. 阴阳界
3. 杜甫亭
4. 观云台
5. 日月坪

图 2-37　风景区西岭雪山网页预览效果

● 命名原因

景区内最高峰庙基岭海拔5353米，是成都第一峰，矗立天际，终年积雪。在阳光照射下，洁白晶莹，银光灿烂，秀美壮观。唐代大诗人杜甫盛赞此景，写下了"窗含西岭千秋雪，门泊东吴万里船"的绝句。西岭雪山也因此得名。

● 运动项目

1. 雪地滑车
2. 雪爬犁
3. 雪上飞伞
4. 雪地越野车
5. 雪地摩托

● 旅游信息

○ 开放时间：西岭雪山索道运行时间：周一至周五，8：30—17：00；周六、周日、节假日，8：00—17：30
○ 门票价格：平时为120元；春节等节日价格为160元；上山交通费：60元（往返）
○ 交通：从成都出发可利用双休日游西岭雪山。从城北客运中心、青羊宫、金沙车站等处每日均有数十班车前往大邑。大邑车站去西岭雪山的班车很多。也可自驾到西岭雪山。
○ 住宿：滑雪场馆要处后面的山地度假酒店；景区内映雪酒店、枫叶酒店和五星级木屋别墅斯堪的纳度假酒店；游客也可以选择离景区相对较近的花水湾温泉度假区。
○ 饮食：赵连锅（主营客家菜，物美价廉）；豆腐王（赵连锅对面，主营家常菜）；韭豆花（大邑西门，大双公路左边，主营家常菜，韭豆花是特色菜）；映雪酒店（雪山腊肉、竹叶菜、蕨菜、野生牛肝菌等雪山特色菜）。

图2-37　风景区西岭雪山网页预览效果(续)

2.4.3　实现方案

1．操作思路

准备好图片素材，利用文本、图像进行图文混排。

2．操作步骤

(1) 打开站点文件 xlxs.html。

(2) 在"设计"视图中，按组合键 Ctrl+J，在弹出的"页面属性"对话框中设置字体大小为 12 号，左右边距均为 30px。

(3) 在"设计"视图中完成网页文本的输入。

(4) 选中文字"西岭雪山"，在"属性"面板中设置"格式"为"标题 1"，选择"格式"→"对齐"→"居中对齐"菜单命令。

(5) 在导航栏文本"旅游信息"段落后选择"插入"→HTML→"水平线"菜单命令，完成水平线的添加。

(6) 选中水平线下的文本"环境资源"并设置"格式"为"标题 3"，单击"属性"面板上的"项目列表"按钮，在"命名锚记"对话框中设置名称为 hjzy。同理设置"著名景点"，锚记名称为 zmjd；"命名原因"的锚记名称为 mmyy；"运动项目"的锚记名称为 ydxm；"旅游信息"的锚记名称为 lyxx。

(7) 框选"著名景点"下的各选项，单击"属性"面板中的"编号列表"按钮，再单击"缩进"按钮。同理，设置"运动项目"与"旅游信息"下的各选项。

(8) 选中水平线上的文本"环境资源"，设置"格式"为"标题 2"，在"属性"面板的"链接"文本框中输入#hjzy；同理依次设置文本"著名景点""命名原因""运动项目""旅游信息"，并在"链接"文本框中分别输入"#zmjd""#mmyy""#ydxm""#lyxx"。

(9) 在水平线后按组合键 Ctrl+Alt+I，选择 xlxs.png 文件，并设置属性 align="right"、

hspace="5"、vspace="3"。

(10) 在正文文本"运动项目"后按组合键 Ctrl+Alt+I，选择 xlxj.png，并设置属性为 align="right"、hspace="5"、vspace="2"。

2.5 任 务 训 练

2.5.1 训练目的

(1) 练习在网页中添加文本、图像并进行图文混排。

(2) 练习在网页中添加连续动画。

(3) 练习在网页中添加背景音乐文件。

2.5.2 训练内容

(1) 利用文本与图像完成图文并茂的一封家书，并增加个人喜欢的背景音乐。完成网页的预览效果，如图 2-38 所示。

亲爱的爸爸妈妈：

您们最近好吗？
现在开学已经一个多月了，我已经适应了大学的生活，您们不用担心。
老师和同学们对我很好，我会在学校好好学习，同时向您们保证：

    1. 认真学习
    2. 不旷课、不早退
    3. 积极参加学院、系部、班级的活动

您们在家也要保重身体，祝工作顺利，寒假回家后再见！
    此致!

您们的孩子

Wed, 2016-02-24

图 2-38 一封家书预览效果

(2) 实现图片连续滚动，利用<marquee>完成多张图片连续交替滚动的效果，网页预览效果如图 2-39 所示。

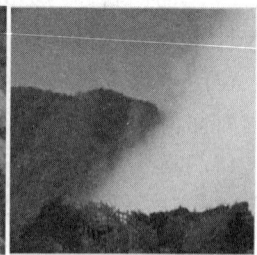

图 2-39 连续图片滚动预览效果

(3) 在线作业系统新闻公告，网页预览效果如图 2-40 所示。

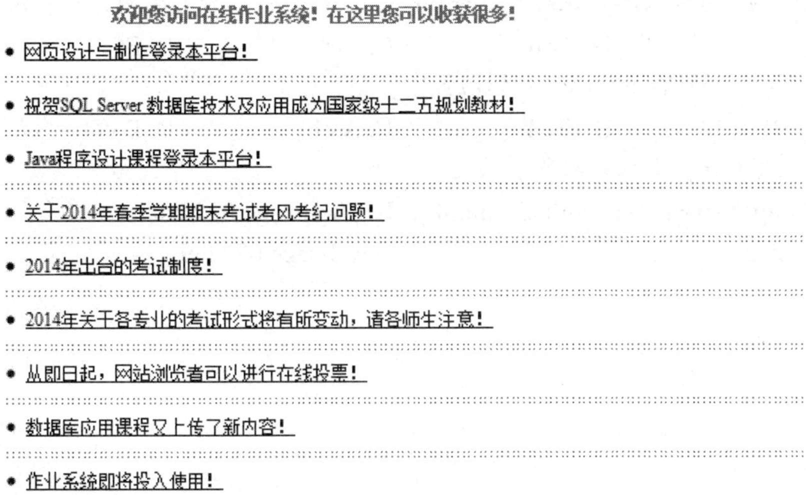

欢迎您访问在线作业系统! 在这里您可以收获很多!

- 网页设计与制作登录本平台!
- 祝贺SQL Server数据库技术及应用成为国家级十二五规划教材!
- Java程序设计课程登录本平台!
- 关于2014年春季学期期末考试考风考纪问题!
- 2014年出台的考试制度!
- 2014年关于各专业的考试形式将有所变动，请各师生注意!
- 从即日起，网站浏览者可以进行在线投票!
- 数据库应用课程又上传了新内容!
- 作业系统即将投入使用!

图 2-40　在线作业系统新闻公告预览效果

2.6　知 识 拓 展

1. 段落和段内换行有何不同？

答：在输入文本时，按 Enter 键可以产生一个新段落，两个段落之间会自动插入一个空白行，标记是<p></p>。但使用组合键 Shift+Enter 时，是换行不分段，中间不会产生空白行，系统认为是一个段落，标记是
。在使用项目(编号)列表时，一个段落会视为一个列表。

2. 内部链接与外部链接有何不同？

答：内部链接与外部链接是根据目标端点的不同来区分的。内部链接是使多个网页组成一个网站的一种链接形式，目标端点和源端点是同一网站内的网页文档。外部链接是指目标端点和源端点不在同一个网站内；外部链接可以实现网站之间的跳转，从而将浏览范围扩大到整个网络。

单 元 测 试

1. 在 Dreamweaver 中实现文本的换行不分段，要按组合键(　　)。

    A. Shift+Enter   B. Alt+Enter   C. Enter   D. Shift

2. 在 Dreamweaver 中输入连续空格的方法为(　　)。

    A. 直接按空格键   B. 在中文全角状态下按空格键

    C. 按 Alt 加空格键   D. 按 Ctrl 加空格键

3. 在 Dreamweaver 中，下面对象中可以添加热区的是(　　)。

    A. 表格   B. 文本   C. 图像   D. 任何对象

4. 在拖动右下角的控制点时，可以同时改变图像的宽度和高度，但容易造成拖动的宽度与高度比例不等而失真，这时可以按住(　　)键进行"锁定比例"的缩放。

  A. Alt   B. Shift   C. Ctrl   D. F5

5. 以下(　　)内容不可以嵌入到网页中。

  A. MP3   B. Flash   C. AVI   D. DVD

6. 下列路径中，属于绝对路径的是(　　)。

  A. http://www.sohu.com/index.html   B. ../webpage/02.html

  C. 02.html   D.webpage/02.html

第3章　认识常用网页布局

技能目标:

- 掌握表格的页面布局
- 掌握 AP Div 的页面布局

网页布局是网页设计制作的重要阶段。若要创建更加合理、美观的网页效果,面中放置何种元素,如何将这些元素进行排版,这些是必须考虑的问题。

3.1　表　　格

表格(Table)是 HTML 常用标签之一。在网页中,表格不仅能进行数据统计和数据展示,还能对页面进行布局。使用表格,能够使网页看起来更加直观和有条理。简单表格布局预览效果如图 3-1 所示。

图 3-1　简单表格布局预览效果

在学习表格之前,需要对表格各元素有一个认识,如图 3-2 所示。

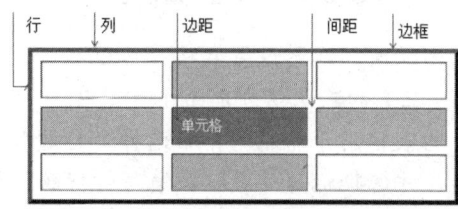

图 3-2　3 行 3 列的表格元素

在表格中，横向为行(row)、纵向为列(column)，行列交叉部分为单元格。单元格中的内容和边框之间的距离为边距，单元格与单元格之间的距离为间距，表格的边线为边框。

3.1.1 插入表格及嵌套表格

1. 插入表格

在 Dreamweaver CS6 中创建表格的具体操作步骤如下。

(1) 将光标定位在要插入表格的位置，然后执行以下任一操作。选择"插入"→"表格"菜单命令(组合键为 Ctrl+Alt+T)。

- 在"插入"面板的"常用"选项卡中单击 按钮。

(2) 打开"表格"对话框，如图 3-3 所示。各属性介绍如下。

- 行数：用于设置表格行的数目，这里输入数值 3。
- 列：用于设置表格列的数目，这里输入数值 4。
- 表格宽度：以像素或百分比为单位指定表格的宽度。这里输入数值 500，单位为"像素"。
- 边框粗细：指定表格边框的宽度(以像素为单位)，这里输入数值 0。
- 单元格边距：设置单元格中的对象同单元格内部边界之间的距离，这里输入数值 0。
- 单元格间距：设置相邻的表格单元格之间的距离，这里输入数值 0。

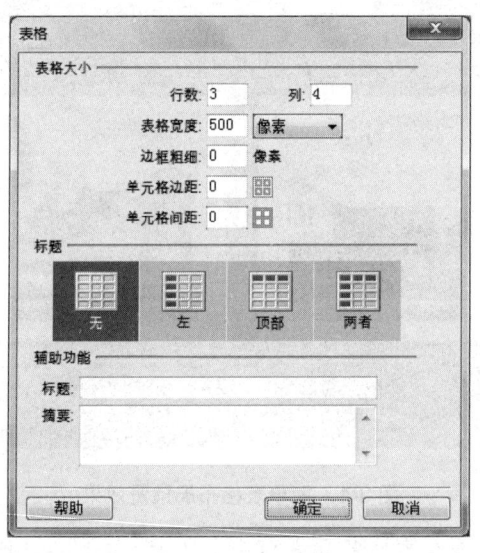

图 3-3 "表格"对话框

提示： ① 利用表格布局时，通常设置表格"边框粗细""单元格边距"与"单元格间距"为 0。三者的默认值分别为 1、1、2。

② 一般地，当表格用于布局时，常选择"标题"的默认选项"无"。当用于数据统计时，才选择标题样式以及填写"标题"与"摘要"内容。

(3) 单击"确定"按钮，插入如图 3-4 所示的 3 行 4 列的表格。

图 3-4 3 行 4 列的表格

插入表格对应的 HTML 代码如表 3-1 所示。

表 3-1 3 行 4 列表的 HTML 代码

序　号	HTML 代码
1	<table width="500" border="0" cellspacing="0"
2	cellpadding="0">
3	<tr>
4	<td> </td>
5	<td> </td>
6	<td> </td>
7	<td> </td>
8	</tr>
9	<tr>
10	<td> </td>
11	<td> </td>
12	<td> </td>
13	<td> </td>
14	</tr>
15	<tr>
16	<td> </td>
17	<td> </td>
18	<td> </td>
19	<td> </td>
20	</tr>
21	</table>

表 3-1 中关键代码解释如下。

第 1～2 行：table 的属性宽度 width=500、边框 border=0、单元格间距 cellspacing=0、单元格边距 cellpadding=0。

第 3～8 行：<tr></tr>表示表格中的行，<td></td>表示单元格，此为第 1 行。

第 9～14 行：此为第 2 行。

第 15～20 行：此为第 3 行。

第 21 行：</table>表示对应的<table>的结束标签。

2. 嵌套表格

嵌套表格是指在一个表格的单元格内插入表格，具体操作步骤如下。

(1) 将光标定位在表格的一个单元格内，如光标定位在第 1 行第 1 列单元格。

(2) 执行插入表格的操作，即可在表格内嵌套表格，如嵌套一个 1 行 3 列的表格，如图 3-5 所示，相应的 HTML 代码如表 3-2 所示。

图 3-5　嵌套表格

表 3-2　嵌套表格的 HTML 代码

序　号	HTML 代码
1	<tr>
2	<td><table width="100%" border="0" cellspacing="0"
3	cellpadding="0">
4	<tr>
5	<td> </td>
6	<td> </td>
7	<td> </td>
8	</tr>
9	</table></td>
10	<td> </td>
11	<td> </td>
12	<td> </td>
13	</tr>

表 3-2 中关键代码解释如下。

第 2～3 行：<td>单元格中嵌套一表格，width 宽度为该单元格保持一致、边框 border=0、单元格间距 cellspacing=0、单元格边距 cellpadding=0。

第 4～8 行：<tr></tr>表示嵌套单元格的 1 行 3 列。

第 9 行：</table>为嵌套表格的结束标签。

一般嵌套的表格宽度设置单位为百分比，数值为 100，意为与所在单元格宽度保持一致。

当表格中存在嵌套表格时，可选择"查看"→"表格模式"→"扩展表格模式"菜单命令(组合键为 Alt+F6)或在"插入"面板"布局"选项卡中单击"扩展"按钮，页面进入扩展表格模式，此时可以清楚查看表格布局层次。

3.1.2 设置表格和单元格属性

1. 表格属性

表格被选中之后，可以利用表格"属性"面板来设置和修改表格的属性，如图 3-6 所示。

图3-6 表格"属性"面板

表格属性面板中主要参数解释如下。

- 表格 ID：设置表格的名称。
- 行：表格中行的数目。
- 列：表格中列的数目。
- 宽：显示表格的宽度，有像素与百分比两种单位，可以直接输入数值来更改表格的宽度或输入不超过 100 的百分比来控制表格宽度。
- 填充：用于设置单元格中的元素距离边线的距离。
- 间距：定义相邻单元格之间的距离。
- 对齐：设置整个表格在浏览器中水平方向的对齐方式。
- 边框：设置表格边框的宽度(单位为像素)。
- ⬚：用于清除表格的列宽。
- ⬚：用于清除表格的行高。
- ⬚：将表格的宽度转换为像素。
- ⬚：将表格的宽度转换为百分比。

2. 单元格属性

单元格被选中或光标定位在单元格中时，可以利用单元格"属性"面板来设置或修改单元格的属性，如图 3-7 所示。

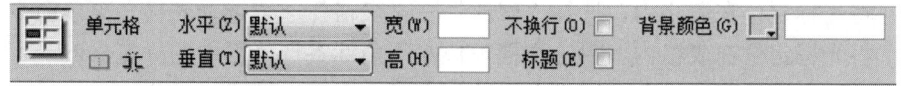

图3-7 单元格"属性"面板

单元格属性面板中主要参数解释如下。

- 水平：设置单元格内元素的水平对齐方式。有 4 种，默认为左对齐。
- 垂直：设置单元格内元素的垂直对齐方式，有 4 种，默认为居中。
- 宽和高：设置单元格的宽度和高度。
- 背景颜色：设定单元格的背景颜色。

- ⬚：将选择的单元格进行拆分。
- ⬚：将选择的多个连续的矩形区域的单元格进行合并。

3.1.3 选择单元格、行或列及表格

1. 选择单元格

(1) 选择单个单元格，可执行以下任一操作。
- 单击单元格，然后在文档窗口左下角的标签选择器中单击<td>标签。
- 在单元格内双击，则可选择该单元格。
- 将光标定位在单元格内，按组合键 Ctrl+A。

(2) 选择连续的多个单元格，可执行以下任一操作。
- 单击第一个单元格，按住 Shift 键的同时单击另一个单元格，则两个单元格之间的行列所形成的矩形区域内的所有单元格均被选中。
- 在一个单元格中单击并拖动到其他单元格，然后松开鼠标，则鼠标经过区域的单元格被选中。

提示： ① 按住 Ctrl 键的同时单击单元格，则可选择不相邻的多个单元格。
② 网页中的 Ctrl、Shift 功能键的作用与操作系统文件功能是一致的。

2. 选择行或列

选择单行或单列的操作步骤如下。
(1) 将鼠标指针指向行的左边线或列的上边线，鼠标指针变为 ➡ 或 ⬇。
(2) 单击即可选择鼠标指针指向的行或列。

另外，可同时按住 Ctrl 键，选择不连续的多行或多列。按下鼠标左键不放拖动到结束位置松开鼠标，可选择连续的多行或多列。

选择行时，还可单击任一单元格，然后在文档窗口左下角的标签选择器中单击对应<td>左侧的<tr>标签。

3. 选择整个表格

执行以下任一操作，即可选择整个表格。
- 单击表格外框线。
- 将光标定位在表格内，选择"修改"→"表格"→"选择表格"菜单命令。
- 将光标定位在表格内，单击文档窗口左下角标签选择器中的标签<table>。
选中后的表格的下边线和右边线出现控制点，如图 3-8 所示。

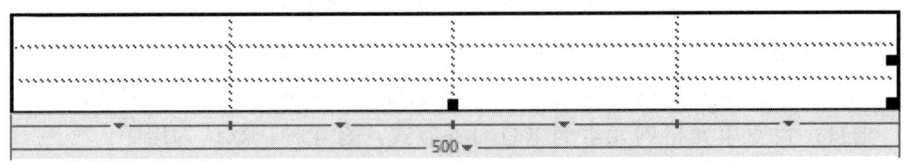

图 3-8　选中后的表格

3.1.4 表格的基本操作

1. 调整表格的宽度

调整表格宽度的操作步骤如下。

(1) 选择整个表格，在表格的边线上出现 3 个黑色控制点，如图 3-8 所示。

(2) 执行以下任一操作即可调整表格大小。

- 在表格"属性"面板上重新设置"宽度"值，从而改变表格的大小。
- 用鼠标拖动控制点可改变表格的大小。拖动右侧的控制点可水平方向改变表格的大小；拖动底部控制点可在垂直方向改变表格的大小；拖动右下角的控制点可沿对角线方向改变表格的大小。

2. 调整行高和列宽

调整行高和列宽的操作步骤如下。

(1) 将鼠标指针移到要调整行高或列宽的边框上，鼠标指针会变为上下或左右箭头的形状。

(2) 拖动鼠标即可调整行高或列宽。

3. 拆分或合并单元格

1) 拆分单元格

拆分单元格是将一个单元格分成两个或多个单元格。拆分单元格的操作步骤如下。

(1) 将光标定位在要拆分的单元格中。

(2) 执行以下任一操作。

- 在"属性"面板中单击"拆分单元格"按钮 。
- 选择"修改"→"表格"→"拆分单元格"菜单命令(组合键为 Ctrl+Alt+S)。

(3) 打开"拆分单元格"对话框，如图 3-9 所示。

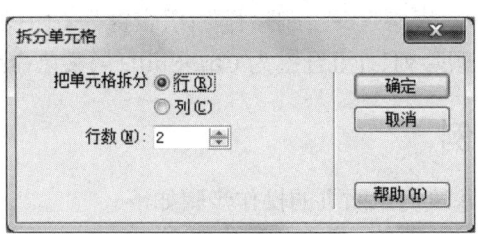

图 3-9 "拆分单元格"对话框

(4) 在对话框中选择拆分为行还是列，并设置拆分的行数或列数。

(5) 单击"确定"按钮，单元格被拆分。

2) 合并单元格

合并单元格是将所选的矩形范围的单元格、行或列合并为一个单元格。合并单元格的操作步骤如下。

(1) 选择需要合并的两个或多个连续的矩形范围的单元格。

(2) 执行以下任一操作，即可合并单元格。

- 在"属性"面板中单击"合并单元格"按钮 ⊞ 。
- 选择"修改"→"表格"→"合并单元格"菜单命令(组合键为 Ctrl+Alt+M)。

4．插入和删除行或列

1) 插入单行或单列

在所选择的单行、列或单元格的上面及左侧插入单行或单列，操作步骤如下。

(1) 选择行、列或单元格。

(2) 选择"修改"→"表格"→"插入行"(组合键为 Ctrl+M)菜单命令，在所选行的上面添加一行。选择"修改"→"表格"→"插入列"(组合键为 Ctrl+Shift+A)菜单命令，在所选列的左侧添加一列。

2) 插入多行或多列

插入多行或多列操作步骤如下。

(1) 选择行、列或单元格。

(2) 选择"修改"→"表格"→"插入行或列" 菜单命令，打开"插入行或列"对话框，在其中进行设置即可，如图 3-10 所示。

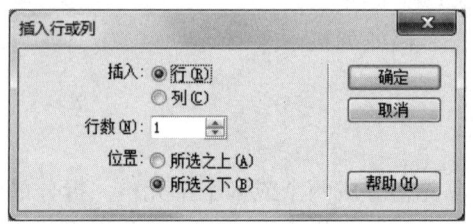

图 3-10 "插入行或列"对话框

3) 删除行或列

在表格中删除行或列的操作步骤如下。

(1) 选择要删除的行或列。

(2) 选择 "修改"→"表格"→"删除行"(组合键为 Ctrl+Shift+M) 菜单命令或选择"修改"→"表格"→"删除列"(组合键为 Ctrl+Shift+ -)菜单命令。

3.1.5 表格布局实例

创建如图 3-1 所示的建筑资讯网页的操作步骤如下。

(1) 在本地站点中创建文件夹 chapter03\建筑资讯网页\images，并将 dh.jpg 与 show.jpg 文件复制其中，同时新建 index.html 文件，如图 3-11 所示。

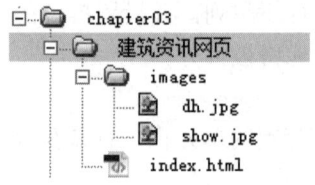

图 3-11 "文件"面板效果图

(2)　双击打开 index.html 文件，在"设计"视图中按组合键 Ctrl+Alt+T 插入表格，表格宽度为 800 像素，2 行 1 列，其他属性设置为 0，对齐设置为"居中对齐"，如图 3-12 所示。

图 3-12　表格属性面板

(3)　单击第 1 行第 1 列，按组合键 Ctrl+Alt+I，在站点根目录下的"chapter03\建筑资讯网页\images"中找到 dh.jpg 文件，单击"确定"按钮。

(4)　单击第 2 行 1 列，在"文件"面板的"chapter03\建筑资讯网页\images"中找到 show.jpg，按住鼠标左键将该图片拖动到该单元格中。

(5)　选中 show.jpg 所在的单元格，设置水平对齐方式为"居中对齐"。

(6)　在该单元格里设置背景颜色，在弹出的调色板中用吸管工具在 show.jpg 图片灰色背景上单击鼠标左键即可，如图 3-13 所示。

图 3-13　第 2 行第 1 列单元格的"属性"面板

提示：　设置图片居中时，也可利用<img>的参数 hspace="131"完成。

建筑资讯网页代码如表 3-3 所示。

表 3-3　建筑资讯网页代码

序　号	HTML 代码
1	<table width="800" border="0" align="center" cellpadding="0"
2	cellspacing="0">
3	<tr>
4	<td><img src="images/dh.jpg" width="800" height="130" />
5	</td>
6	</tr>
7	<tr>
8	<td align="center" bgcolor="#8A97A0"><img
9	src="images/show.jpg" width="538" height="396" /></td>
10	</tr>
11	</table>

表 3-3 关键代码解释如下。

第 1～2 行：表格宽度为 800，水平居中，边框、边距、间距为 0。

第 4 行：单元格中的内容为图片 dh.jpg。

第 8 行：单元格水平居中 center，设置背景色 bgcolor 为"#8A97A0"。

3.2 层 AP Div

AP Div(Absolute Position Division)又称为绝对定位元素(AP 元素)，用于网页布局，是使用了 CSS 样式表中的绝对定位属性的标签。AP Div 可以精确控制浏览器窗口中的位置，且可以放置文字、图像和视频等网页元素。AP Div 布局效果如图 3-14 所示。

图 3-14　AP Div 布局效果

3.2.1　创建 AP Div

在 Dreamweaver CS6 中插入 AP Div 的操作步骤如下。

(1) 打开网页文档，在"设计"视图下将光标定位在要插入 AP Div 的位置，执行以下任一操作。

- 在"插入"面板的"布局"选项卡，拖动"绘制 AP Div"选项到文档中松开鼠标，可创建一个预设大小的 AP Div。

- 在"插入"面板的"常用"选项卡中单击 按钮，鼠标指针变成"+"字形，单击并向任意方向拖动后松开鼠标，可在编辑区绘制任意大小的 AP Div。

- 选择"插入"→"布局对象"→"AP Div" 菜单命令，会在左上角出现预设大小的 AP Div。

(2) 在文档中插入一个 AP Div。

(3) 将光标定位在 AP Div 中，光标变为"|"，可向 AP Div 中插入文本或图像等网页元素。

提示：　① 一次性添加多个大小不一的 AP Div，可按住 Ctrl 键的同时，单击"绘制 AP Div"按钮，在"设计"视图指定位置拖动即可。

② 选择"插入"→"AP Div"菜单命令创建层，会自动插入一个宽 200px、高 115px 的层。如果需要改变层 AP Div 的默认属性设置，可选择"编辑"→"首选参数"(组合键为 Ctrl+U)菜单命令，通过对话框来改变 AP Div 的默认

状态，如图 3-15 所示。

③　若不想在文档窗口中显示 AP 元素的锚点，按组合键 Ctrl+U，在弹出的对话框的"分类"列表框中选择"不可见元素"选项，取消"AP 元素的锚点"复选框的选中状态即可，如图 3-16 所示。

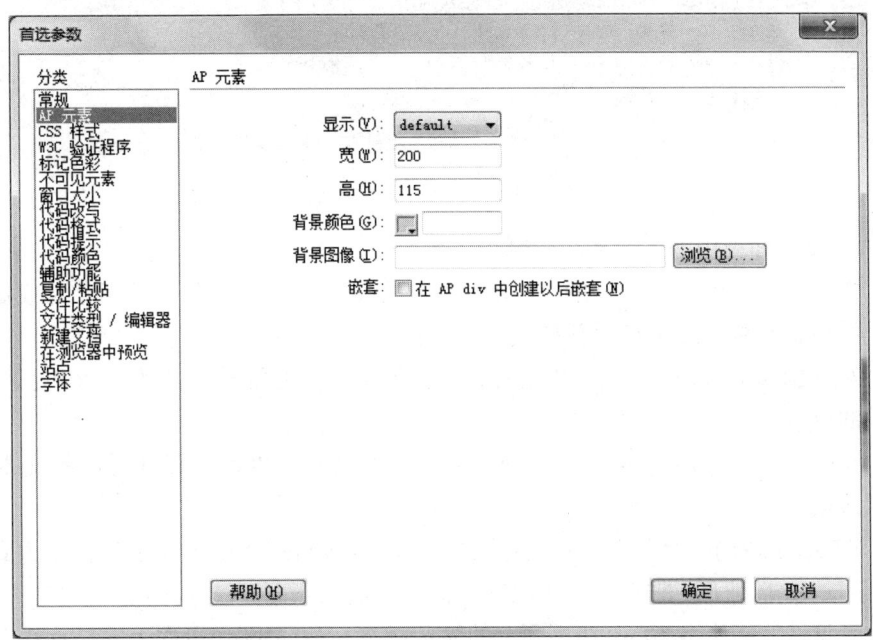

图 3-15　AP 元素首选参数的设置

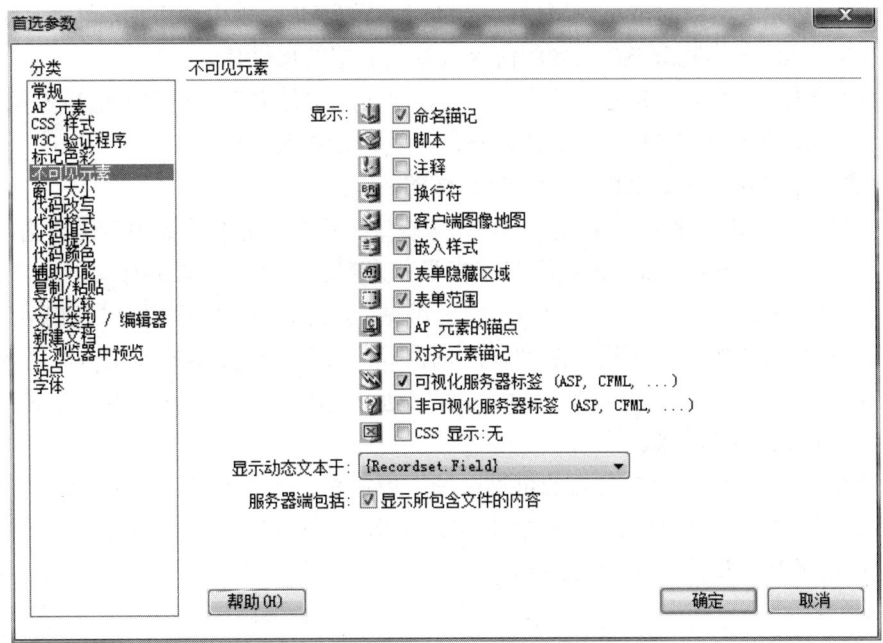

图 3-16　设置 AP 元素的锚点不可见

3.2.2　AP Div 的属性

单击插入的 AP Div 边框，选择 AP Div，"属性"面板如图 3-17 所示。

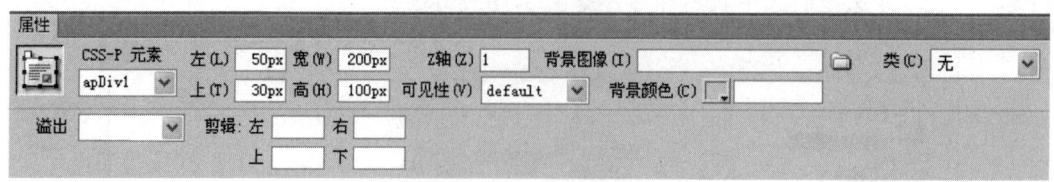

图 3-17　AP Div 属性面板

AP Div 属性面板中的主要参数解释如下。

- CSS-P 元素(#)：为选定的 AP 元素指定的唯一 ID。名称只能使用字母或数字，不能包括空格、连字符、斜杠或句号等特殊字符。

- 左(left)和上(top)：指定 AP 元素的左上角相对于页面(嵌套则为父 AP 元素)左上角的位置。

- 宽(width)和高(height)：指定 AP 元素的宽度和高度，可以在对应的文本框中输入值。

- Z 轴(z-index)：指定 AP Div 的叠放顺序。当 AP Div 叠放时，Z 轴值由大到小，排列是由上到下，即 Z 轴值大的在上面，小的在下面。

- 可见性：指定 AP Div 在页面上的显示状态。AP Div 在页面上的显示状态有 4 种方式，其中 default 为不指定可见性，大多数浏览器默认为"继承"；inherit 为继承 AP 元素父级的可见性属性；visible 为设置 AP 元素内容可见，忽略父层的属性值；hidden 为隐藏 AP 元素的内容，忽略父层的属性值。

- 背景图像：指定 AP 元素的背景图像，单击"文件夹"按钮，可选择图像源文件。

- 背景颜色：指定 AP 元素的背景颜色，默认为透明的背景。

- 类：指定用于设置 AP 元素的 CSS 样式。

- 溢出：当 AP 元素的内容超过 AP 元素指定大小时，用于设置如何在浏览器显示的 4 种状态，其中 visible(可见)表示当显示内容超出 AP 元素本身大小时，AP 元素自动向外延伸来容纳显示内容，使其可见；hidden(隐藏)表示隐藏超出 AP 元素大小的额外内容，且不提供滚动条；scroll(滚动)表示不管 AP 元素内容是否超过范围，都为 AP 元素添加滚动条；auto(自动)表示仅当 AP 元素内容超出其边距时，才自动显示滚动条。

- 剪辑：用于设置 AP 元素的可见区域。指定左、上、右和下坐标，定义一个矩形范围(从 AP 元素的左上角开始计算)，在指定的矩形区域是可见的。

创建的层的相应样式代码如表 3-4 所示。

表 3-4   AP Div CSS 样式

序　号	CSS 代码
1	<style type="text/css">
2	#apDiv1 {
3	position: absolute;
4	left: 50px;
5	top: 30px;
6	width: 200px;
7	height: 100px;
8	layer-background-color: #F0F;
9	z-index: 1;
10	}
11	</style>

表 3-4 关键代码解释如下。

第 1～11 行：AP Div 样式的定义。

第 2 行：层编号为#apDiv1。

第 3 行：absolute，表示为绝对定位。

第 4～7 行：定义层距页面左边距、上边距的距离、AP 元素的宽度和高度。

第 8 行：层的背景颜色为"#F0F"。

第 9 行：Z 轴的值。

3.2.3   "AP 元素"面板

"AP 元素"面板可以设置 AP Div 是否重叠、AP 元素的可见性、AP Div 的叠放次序、AP Div 的嵌套等。选择 "窗口"→"AP 元素"菜单命令，可打开"AP 元素"面板，如图 3-18 所示，"AP 元素"面板各参数解释如下。

- ID：显示每个 AP Div 的名称，双击可改变 AP Div 的名称。
- 防止重叠：选择该复选框，则不能将一个 AP Div 移到另一个 AP Div 的上面。
- 👁 按钮：设置 AP Div 的可见性，反复单击可以实现 AP Div 的可见和隐藏。👁 为可见，🦞 为隐藏。
- Z：设置 AP Div 的 Z 轴值，单击 AP Div 的 Z 轴位置可修改 Z 轴值。

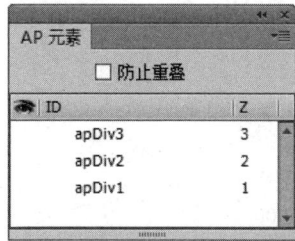

图 3-18   "AP 元素"面板

3.2.4　AP Div 的重叠与嵌套

1. 重叠

重叠的两个 AP Div 是相互独立的，任何一个 AP Div 的改变不影响另外一个 AP Div。3 个重叠的 AP Div 背景颜色分别为红色、黄色、绿色，图 3-19 显示了"设计"视图下和"AP 元素"面板中重叠 AP Div 的对应关系。

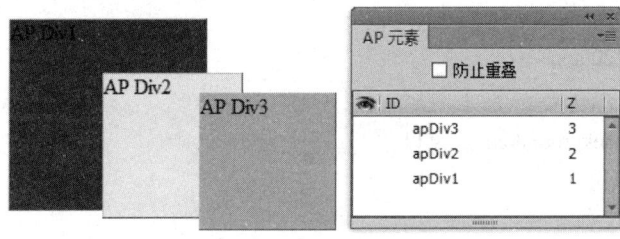

图 3-19　创建重叠的 AP Div 与"AP 元素"面板

3 个重叠层的 CSS 代码如表 3-5 所示。

表 3-5　重叠层样式

序　号	CSS 代码
1	<style type="text/css">
2	#apDiv1 {
3	position: absolute;
4	left: 109px;
5	top: 81px;
6	width: 154px;
7	height: 143px;
8	z-index: 1;
9	background-color: #FF0000;
10	}
11	#apDiv2 {
12	position: absolute;
13	left: 183px;
14	top: 122px;
15	width: 108px;
16	height: 108px;
17	z-index: 2;
18	background-color: #FFFF00;
19	}

续表

序　号	CSS 代码
20	#apDiv3 {
21	position: absolute;
22	left: 259px;
23	top: 137px;
24	width: 104px;
25	height: 102px;
26	z-index: 3;
27	background-color: #00FF00;
28	}
29	</style>

表 3-5 的关键代码解释如下。

第 2~10 行：表示层 apDiv1 的 CSS 代码，包含了背景颜色为"#FF0000"的设置。

第 11~19 行：表示层 apDiv2 的 CSS 代码，包含了背景颜色为"#FFFF00"的设置。

第 20~28 行：表示层 apDiv3 的 CSS 代码，包含了背景颜色为"#00FF00"的设置。

三个重叠层在<body></body>中的 HTML 代码如表 3-6 所示。

表 3-6　重叠层 HTML 代码

序　号	HTML 代码
1	<div id="apDiv1">AP Div1</div>
2	<div id="apDiv2">AP Div2</div>
3	<div id="apDiv3">AP Div3</div>

2. 嵌套

嵌套通常用于将 AP Div 组合在一起，在层 AP Div 里面再创建一个层 AP Div。嵌套 AP Div 总是随着其父 AP Div 一起被移动，并继承父 AP Div 的所有特征，包括可视性和背景颜色等。子 AP Div 可以超出父 AP Div，或在父 AP Div 之外。

若要创建嵌套 AP Div，将光标定位在父 AP Div 中，把子 AP Div 剪切/粘贴到父 AP Div 中或选择"插入"→"布局对象"→"AP Div"菜单命令即可。图 3-20 显示了"设计"视图下与"AP 元素"面板中嵌套 AP Div 的对应关系。

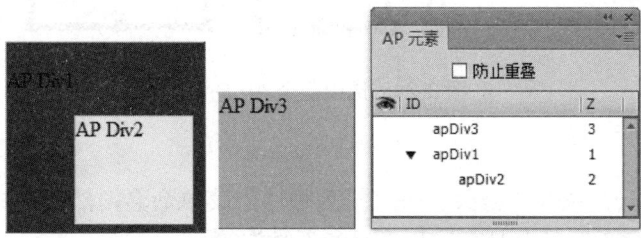

图 3-20　创建嵌套的 AP Div "AP 元素"

3 个嵌套层在<body></body>中的 HTML 代码如表 3-7 所示。

表 3-7　嵌套层 HTML 代码

序　号	HTML 代码
1	<div id="apDiv1">
2	<p>AP Div1</p>
3	<div id="apDiv2">AP Div2</div>
4	<p> </p>
5	</div>
6	<div id="apDiv3">AP Div3</div>

表 3-7 的关键代码解释如下。

第 1～5 行：层 apDiv1，其中嵌套层 apDiv2。

第 3 行：嵌套在父层 apDiv1 的子层 apDiv2。

第 6 行：层 apDiv3。

如需解除嵌套关系，需采用"剪切"命令剪切子层在父层以外的区域使用"粘贴"命令即可。

3.2.5　AP Div 的基本操作

1. 选择 AP Div 并调整大小

执行以下任一操作，可选中 AP Div。

● 　单击 AP Div 的边框线。

● 　单击 AP Div 上方的 ⊡ 标记。

边框被选中后，边框线上出现 8 个控制点，拖动控制点即可改变 AP Div 的大小。按住 Shift 键分别单击每个 AP Div 的边框，可以选中多个 AP Div。其中最后一个被选中的 AP Div 将作为多个 AP Div 对齐的依据，它的边框线上有 8 个实心控制点，其他则为 8 个空心控制点，如图 3-21 所示。

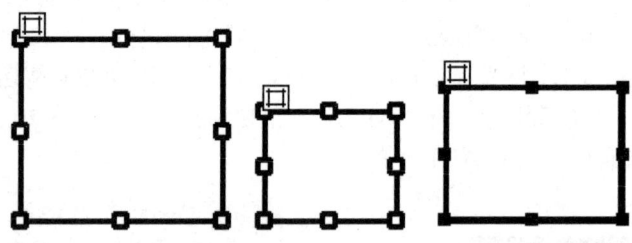

图 3-21　选中多个 AP Div

2. 对齐 AP Div

选中多个 AP Div，选择"修改"→"排列顺序"菜单命名，然后选择对齐方式即可，如"左对齐""右对齐""上对齐"和"对齐下缘"等。

3. 移动 AP Div

执行以下任一操作，可以移动 AP Div。

- 选中 AP Div 后，拖动 ⊡ 标记，可以将 AP Div 移到文档的任意位置。
- 将鼠标指针移到 AP Div 的边框上，鼠标指针变为 ✛，拖动可以移动 AP Div。
- 对于移动多个 AP Div 的移动，拖动最后被选中的有实心控制点的 AP Div 的 ⊡ 标记，可以同时移动多个 AP Div 标签。

提示： (1) 键盘上的方向键也可以移动 AP Div，每次移动 1 像素的距离。按住 Shift 键，每次可以移动 10 像素的距离。

(2) AP Div 的靠齐网格的功能。选择"查看"→"网格设置"→"靠齐到网格"菜单命令，可启动靠齐功能。在创建 AP Div 或移动 AP Div 时，AP Div 将自动靠近离它最近的网格。

(3) 在操作 AP Div 时，可以选择"查看"→"标尺"→"显示"(组合键为 Ctrl+Alt+R)或"查看"→"辅助线"→"显示辅助线"或"靠齐辅助线"等菜单命令辅助操作。

3.2.6 AP Div 布局实例

西岭雪山风景区效果如图 3-14 所示，其完成的具体操作步骤如下。

(1) 在本地站点 chapter03 文件夹下，新建网页 APDemo.html。

(2) 在"设计"视图下，在"插入"面板的"布局"选项卡中单击"绘制 AP Div"按钮，指针形状变成"+"字形，单击并向任意方向拖动后松开鼠标，绘制 apDiv1，并设置其宽度为 221px、高度为 196px。将光标置于其中，按组合键 Ctrl+Alt+I，选择 xsqj.png 文件，并在相应代码后输入文本"西岭秋景"，并设置居中对齐。同理完成 apDiv2、apDiv3 的设置。

(3) 选中 apDiv1、apDiv2、apDiv3，选择"修改"→"排列顺序"→"上对齐"菜单命令，进行局部的位置调整。

(4) 创建 apDiv4，设置宽度为 663px、高度 47px。将光标置于其中，输入文本"西岭雪山风景赏析"，设置居中对齐、"格式"为"标题 2"，同时单击"插入"面板"常用"选项卡的"水平线"按钮，完成如图 3-14 所示效果。

西岭雪山风景区的层布局 CSS 代码如表 3-8 所示。

表 3-8 层布局样式

序 号	CSS 代码
1	<style type="text/css">
2	#apDiv1 { /*西岭秋景*/
3	position: absolute;
4	left: 256px;
5	top: 101px;
6	width: 221px;

序 号	CSS 代码
7	height: 196px;
8	z-index: 1;
9	text-align: center; /* 文本居中对齐*/
10	}
11	#apDiv2 { /*阴阳界*/
12	position: absolute;
13	left: 479px;
14	top: 101px;
15	width: 221px;
16	height: 196px;
17	z-index: 1;
18	text-align: center; /* 文本居中对齐*/
19	}
20	#apDiv3{ /*滑雪场*/
21	position: absolute;
22	left: 702px;
23	top: 101px;
24	width: 221px;
25	height: 196px;
26	z-index: 1;
27	text-align: center; /* 文本居中对齐*/
28	}
29	#apDiv4 { /*西岭雪山风景区*/
30	position: absolute;
31	left: 259px;
32	top: 20px;
33	width: 663px;
34	height: 47px;
35	z-index: 2;
36	text-align: center; /* 文本居中对齐*/
37	}
38	</style>

西岭雪山风景区层的布局 HTML 代码如表 3-9 所示。

表 3-9　层布局 HTML 代码

序　号	HTML 代码
1	<div id="apDiv1"><img src="images/xsqj.png" alt="" width="221"
2	height="166" />西岭秋景</div>
3	<div id="apDiv2"><img src="images/yyj.png" alt="" width="221"
4	height="166" />阴阳界</div>
5	<div id="apDiv3"><img src="images/hxc.png" alt="" width="221"
6	height="166" />滑雪场</div>
7	<div id="apDiv4">
8	<h2>西岭雪山风景赏析</h2>
9	<hr />
10	</div>

提示： (1)　AP 元素与表格的转换可使用"修改"→"转换"菜单命令进行操作，转换属性采用默认设置即可。

(2)　AP 元素的显示与隐藏可参见 6.2 节。

3.3　实　例　演　示

3.3.1　实例情景——制作在线作业系统主页

设计制作在线作业系统主页，要求采用文本、图像、滚动字幕、表格布局等实现完成。

3.3.2　实例效果

在线作业系统主页网页预览效果如图 3-22 所示。

图 3-22　在线作业系统网页预览效果图

3.3.3　实现方案

1. 操作思路

准备好图片素材，利用文本、图像、滚动字幕、表格布局完成效果。

2. 操作步骤

(1)　将素材复制到站点中 chapter03 文件夹下的 images 里，并在此目录下新建 online.html 文件。

(2)　双击 online.html 文件，在"设计"视图里按组合键 Ctrl+J，在弹出的"页面属性"对话框中设置字体大小为 12px，上边距为 0、左右边距为 0。

(3)　按组合键 Ctrl+Alt+T，创建一个表格，设定的参数为：5 行 3 列，宽度为 780px，填充、间距、边框均为 0，居中对齐，如图 3-23 所示。

图 3-23　表格属性面板

(4)　根据网页预览效果，在进行布局时，可将第 1 行的 3 列合并，第 2 行的 2、3 列合并，第 3、4 行的第 2 列、3 列分别合并，第 5 行的 3 列合并。合并的时候，按住鼠标左键不松，从开始单元格拖动到结束单元格，再单击"属性"面板上的 按钮即可，如图 3-24 所示。

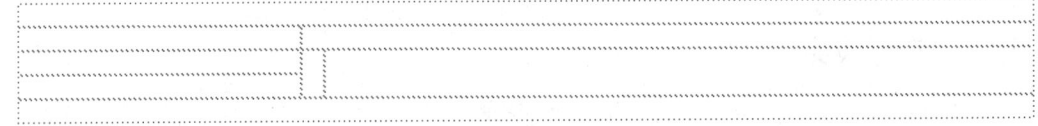

图 3-24　表格布局效果图

(5)　分别在第 1 行、第 2 行第 1 列按组合键 Ctrl+Alt+I，分别插入图片 binner.png 和 regsit.gif，如图 3-25 所示。

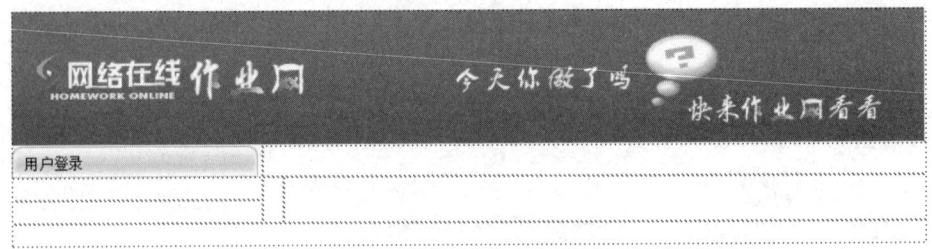

图 3-25　插入图片后表格效果

(6)　在第 2 行合并列输入"欢迎您访问在线作业系统！在这里您可以收获很多！"，

并设置其滚动字幕效果，代码为：

```
<marquee  behavior="scroll" direction="left" bgcolor="#FFFFFF" width="536"
hspace="1" vspace="1" scrollamount="5" scrolldelay="0" >欢迎您访问在线作业系
统！在这里您可以收获很多！</marquee>
```

(7)　在第 3 行插入一个 7 行 1 列的表格 register，插入标签、文本框、按钮等(具体参看第 5 章内容，此章省略)。第 4 行同理，插入 4 行 1 列的表格 dcwj，如图 3-26 所示。

用户登录
用户名：
密　码：
管理员：
注册
登录
忘记密码
您认为在线作业系统在哪个方面还需要改进？
页面设计
作业流程
功能模块
操作方式
我要投票
查看结果

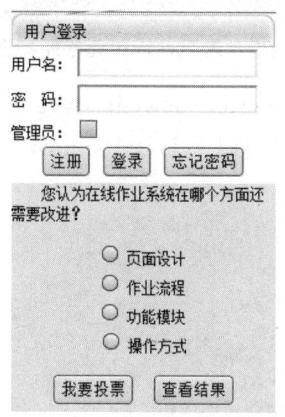

图 3-26　插入表单后效果

(8)　在第 3、4 行合并的第 3 列单元格中，按组合键 Ctrl+Alt+T，插入一个 17 行 1 列、宽为 100%、填充为 1、间距为 1、边框为 0 的表格，如图 3-27 所示。

搜索
属性
表格
xwgg
行(R) 17
列(C) 1
宽(W) 100
%
填充(P) 1
间距(S) 1
对齐(A) 默认
边框(B) 0
类(C) 无
原始档(S)

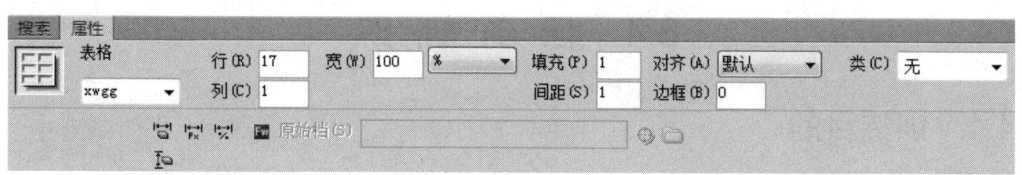

图 3-27　xwgg 表格属性面板

(9)　在表格 xwgg 里，第 1 行输入文本“网页设计与制作登录本平台！”，设置其所在单元格高度为 20，并设置空连接“#”。在第 2 行，用代码设置背景图片 xuxian.gif，并设置单元格高度为 3，内容为空。同理完成其他行，如图 3-28 所示。

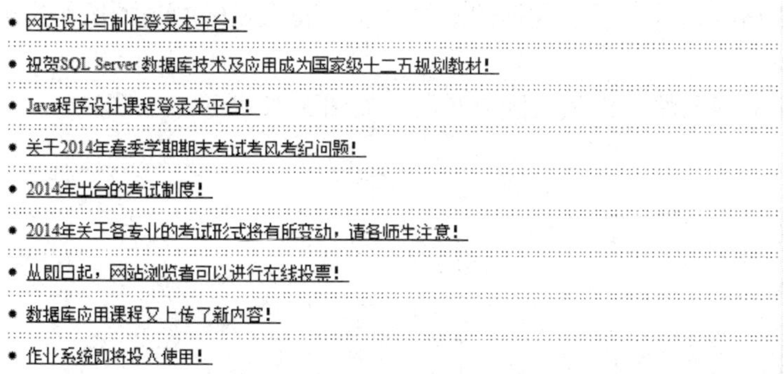

网页设计与制作登录本平台！
祝贺SQL Server数据库技术及应用成为国家级十二五规划教材！
Java程序设计课程登录本平台！
关于2014年春季学期期末考试考风考纪问题！
2014年出台的考试制度！
2014年关于各专业的考试形式将有所变动，请各师生注意！
从即日起，网站浏览者可以进行在线投票！
数据库应用课程又上传了新内容！
作业系统即将投入使用！

图 3-28　新闻公告效果图

(10) 在第 5 行单元格中输入文本"重庆航天职业技术学院计算机工程系 2013 ©版权所有",并设置背景颜色"#E9E9E9",水平居中对齐,如图 3-29 所示。

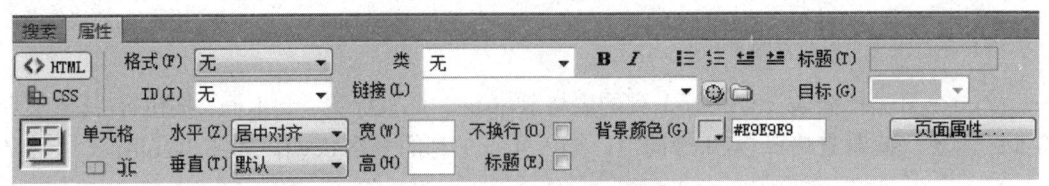

图 3-29　最后一行单元格属性面板

(11) 转到"代码"视图;在表 register、dcwj 和 xwgg 属性中添加"class="table_bolder"";在文本内容颜色设置对应的属性中添加"class="yellow02"";在<style></style>中添加样式如下代码,完成最终效果。

```
.yellow02{
    color:#E56B04;
    font-weight:bold;
    }
.table_bolder{
    border-bottom:1px solid #cccccc;
    border-left:1px solid #cccccc;
    border-right:1px solid #cccccc;
    }
```

3.4　任 务 训 练

3.4.1　训练目的

(1) 练习表格的数据存储。

(2) 练习表格的排版。

(3) 练习 AP DIV 的应用。

3.4.2　训练内容

(1) 利用表格存储数据展示数据的基本功能、利用表格的基本操作实现个人课表,如图 3-30 所示。

(2) 用表格完成西岭雪山风景区的布局,如图 3-31 所示。

2015-2016（一）陈艳平老师课表

时间	节次	周一	周二	周三	周四	周五
上午	1-2					
上午	3-4		网页设计与制作 8-9 C9410	网页设计与制作 9-16 C9310	网页设计与制作 9-16 C9310	
中午	5-6					
下午	7-8	网页设计与制作 8-9 C9410		网页设计与制作 9-16 C9310	网页设计与制作 9-16 C9310	
下午	9-10					

图 3-30 表格数据展示效果图

西岭雪山

环境资源　著名景点　命名原因　运动项目　旅游信息

西岭雪山，位于中国四川省成都市西郊，大邑县西岭镇境内（距成都95公里），总面积483平方公里。该景区于1989年8月被四川省政府批准列为省级风景名胜区，1994年1月经国务院批准为中国重点风景名胜区，现为世界自然遗产、大熊猫栖息地、AAAA级旅游景区。由唐代大诗人杜甫的千古绝句"窗含西岭千秋雪，门泊东吴万里船"而得名。景区内有终年积雪的大雪山，海拔5353米，为成都第一峰。

- **环境资源**

西岭雪山属立体气温带，现已形成"春赏杜鹃夏避暑，秋观红叶冬滑雪"的四季旅游格局。景区内旅游资源丰富，优势独特。有云海、日出、森林佛光、日照金山、阴阳界等的高山气象景观。西岭雪山原始森林覆盖率达90%，景区内有6000多种植物，其中有两片原始桂花林，面积近1000亩，十分珍贵。各种动物常出没于林间山涧，其中有大熊猫、牛羚、金丝猴、小熊猫、獐猴、云豹、金鸡等珍奇动物。

- **著名景点**

1. 熊猫林
2. 阴阳界
3. 杜甫亭
4. 观云台
5. 日月坪

- **命名原因**

景区内最高峰奇基岭海拔5353米，是成都第一峰，矗立天际，终年积雪。在阳光照射下，洁白晶莹，银光灿烂，秀美壮观。唐代大诗人杜甫盛赞此景，写下了"窗含西岭千秋雪，门泊东吴万里船"的绝句。西岭雪山也因此得名。

- **运动项目**

1. 雪地滑车
2. 雪爬犁
3. 雪上飞伞
4. 雪地越野车
5. 雪地摩托

- **旅游信息**

- 开放时间：西岭雪山索道运行时间：周一至周五，8：30—17：00；周六、周日、节假日，8：00—17：30
- 门票价格：平时为120元；春节等节日价格为160元；上山交通费：60元（往返）。
- 交通：从成都出发可利用双休日游西岭雪山。从城北客运中心、青羊宫、金沙车站等处每日均有数十班车前往大邑。大邑车站去西岭雪山的班车很多。也可自驾到西岭雪山。
- 住宿：滑雪场售票处后面的山地度假酒店；景区内映雪酒店、枫叶酒店和五星级木屋别墅斯塔的纳度假酒店；游客也可以选择离景区相对较近的花水湾温泉度假区。
- 饮食：赵连锅（主营家常菜，物美价廉）；豆腐王（赵连锅对面，主营家常菜）；荤豆花（大邑西门，大双公路左边，主营常菜，荤豆花是特色菜），映雪酒店（雪山腊肉、竹叶菜、蕨菜、野生牛肝菌等雪山特色菜）。

图 3-31 西岭雪山的表格布局

(3) 利用 AP Div 完成布局，如图 3-32 所示。

图 3-32　AP Div 布局

3.5　知识拓展

1. 嵌套表格有哪些需要注意的问题？

答：嵌套表格一般深度不超过 3 层，因嵌套的层数越多，浏览器解析的速度就越慢，降低了页面下载速度；嵌套表格一般使用百分比，其父表格的宽度和高度一般使用像素值，这样可保持在不同分辨率下的外观结构。

2. 问：如何解决不同分辨率 AP Div 的定位问题？

答：在表格中插入一个有绝对定位但没有"左"和"上"属性的 AP DIV，实际上就是放进一个随相对定位元素同步改变位置的绝对定位坐标系，这样它的子 AP DIV 将以此为基准进行绝对定位，改变显示器的分辨率与窗口大小，也不会造成错位现象的发生。

单 元 测 试

1. 在表格的最后一个单元格中按(　　)键会自动在表格中另外添加一行。

　　A. Tab　　　　B. Ctrl+Tab　　　　C. Shift+Tab　　　　D. Alt+Tab

2. 如果将单个单元格的背景颜色设置为蓝色，然后将整个表格的背景颜色设置为黄色，则单元格的背景颜色为(　　)。

　　A. 蓝色　　　B. 黄色　　　　C. 绿色　　　　D. 红色

3. 要一次选择整个列，在标签检查器中选择(　　)标签。

　　A. table　　　B. tr　　　　C. td　　　　D. th

4. 设置列的宽度为 100，则(　　)标签的属性被修改。

　　A. table　　　B. tr　　　　C. td　　　　D. th

5. 不论 AP Div 中的内容是否超出，都显示滚动条，则"溢出"选项中应选择(　　)。

　　A. visible　　　B. hidden　　　C. scroll　　　　D. auto

第 4 章　认识 Div+CSS 布局

技能目标:

- 能够在网页中插入 Div 装载各种页面内容
- 能够使用 CSS 样式控制 Div 的位置、大小及样式
- 能够灵活运用 Div+CSS 技术进行简单页面的综合布局

Div 标签作为页面元素的主要内容,可容纳所有子 Div 标签、文字和图像等内容。CSS 是层叠样式表,和 Div 两者搭配,能够准确定位页面元素的排版位置,创建布局合理、美观的网页。

4.1　Div 概述

Web 标准(即网站标准)是由万维网联盟(简称 W3C)制定,目前通常所说的 Web 标准一般指网站建设采用基于 XHTML 语言的网站设计语言,Web 标准中典型的应用模式是 Div+CSS。Div+CSS 是一种网页的布局方法,Div 是层,CSS 是样式。这种网页布局方法有别于传统的 HTML 网页设计语言中的表格(Table)定位方式,可实现网页页面内容与表现分离。

4.1.1　什么是 Div

Div,全称 Division,即为划分,是层叠样式表中的定位技术,也可称其为层,在网页中使用<div>标签来实现这种划分。<div>标签是用来为 HTML 文档内大块的内容提供结构和背景的元素,在网页中使用<div>标签可定义文档中的分区或节,也就是可以把文档分割为独立的多个部分。

一般来说,一个页面从内容或者功能上通常可以划分为几个部分,如网站的 Logo 部分(标志和站点名称)、站点导航(主菜单)、主页面内容、页脚(版权和有关法律声明)等。在设计时,首先可以使用 Div 元素将内容区域进行划分,不同的内容区域放置到不同的 Div 层里,也就是完成页面内容的装载过程;然后再使用 CSS 样式控制每个 Div 层的位置和样式,也就是完成布局和样式定义,换言之 Div 层是页面布局的基础和前提。

目前,在网页设计过程中,进行页面的定位布局主要有 2 种技术,一种是比较传统的表格定位技术,另一种是使用 Div+CSS 技术进行页面排版布局。比较之下,目前越来越多的专业人士更趋向于使用 Div+CSS 进行页面布局,而把表格仅仅作为展示数据内容使用。但是作为初学者,表格布局比较容易上手。

图 4-1 中的页面是一个在线作业系统首页的页面,通过对页面内容和功能的分析,可将其分成几个区域,如图 4-2 所示。

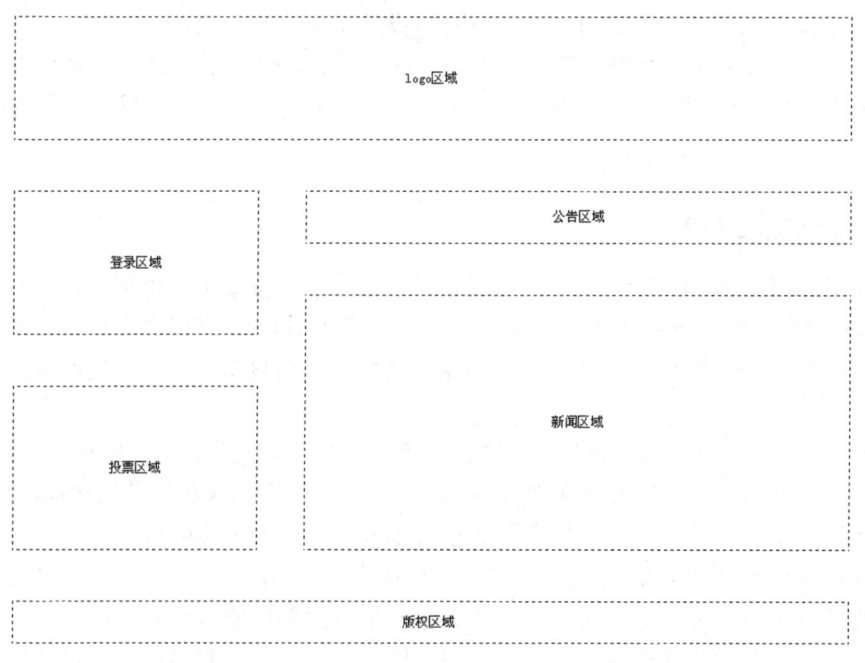

图 4-1　在线作业系统首页

图 4-2　在线作业系统首页页面结构图

提示：　本章中所有页面的测试及展示的页面效果都是在 Internet Explorer 7.0 下测试通过，并尽可能做到与常用浏览器的兼容，但是并没有测试所有浏览器的兼容性。若遇到个别浏览器的兼容问题，请自行查阅相关文档。

　　为了方便读者，与前面所学知识衔接，本例中先以表格定位技术来实现图 4-2 中页面结构的搭建，其核心代码如表 4-1 所示，关于代码的理解参考前面章节。

表 4-1　表格布局源代码

序　号	HTML 代码
1	<table width="778" border="0" align="center">
2	<tr><td height="111" colspan="3">logo 区域</td></tr>
3	<tr>
4	<td width="224"　height="300">
5	<table border="0"　width="100%" height="100%">
6	<tr height="140"><td height="140">登录区域</td></tr>
7	<tr height="160"><td height="160">投票区域</td></tr>
8	</table>
9	</td>
10	<td width="554" height="300">
11	<table width="100%" height="100%" border="0" >
12	<tr height="25"><td height="25">公告区域</td></tr>
13	<tr height="275"><td height="275">新闻区域</td></tr>
14	</table>
15	</td>
16	<tr>
17	<td colspan="2" height="40">版权区域</td>
18	</tr>
19	</table>

提示：由于使用表格只是为了布局，并不显示，所以所有<table>标签的 border 属性均设为 0，目的是隐藏表格自带的边框。若想看表格布局的具体轮廓，可以把 border 属性值设为 1，并在<table>标签中添加边框颜色代码"bordercolor="#000000""。

上例中的页面结构搭建，除了可以使用表格定位技术外，同样也可以使用 Div+CSS 布局技术以达到同样的定位效果，但是两者使用的方法截然不同。在后面小节中会详细讲解 Div+CSS 布局的相关知识以及该案例在 Div+CSS 设计模式下的完整实现过程。

4.1.2　网页中插入 Div

使用 Div+CSS 进行页面定位布局的第一步就是在网页中插入所需数量的 Div 层，用来装载页面的各个部分。插入的方法主要有以下两种。

1. 使用工具栏/菜单插入

(1) 选择"插入"→"布局对象"→"Div 标签"菜单命令或者在"插入"面板中的"常用"选项卡中单击按钮，如图 4-3 所示。

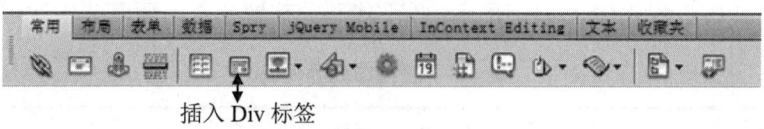

插入 Div 标签

图 4-3 "常用"选项卡

(2) 在弹出的"插入 Div 标签"对话框中，输入该 Div 层的类名称和 ID 名称，单击"确定"按钮，即可完成 Div 新层的插入，如图 4-4(a)所示。

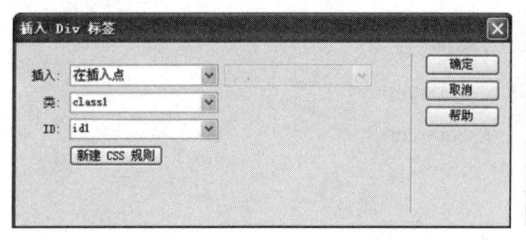 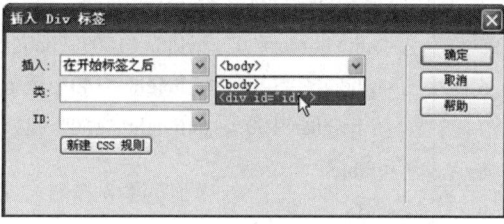

(a)　　　　　　　　　　　　　(b)

图 4-4 "插入 Div 标签"对话框

对话框中的选项功能如下。

- 插入：可以选择新建层的位置，有 3 个选项。
  - ◆ 在插入点：使用该方式，需要先将插入点设置到想要放置该层的位置，然后再进行插入层操作。
  - ◆ 在开始标签之后：选择该方式后，会打开标签下拉列表，如图 4-4(b)所示，选择其中一个标签后，新建层会放置在所选标签的开始标签之后。
  - ◆ 在结束标签之前：使用方法同上，但是新建层会放置在所选标签的结束标签之前。
- 类：用于设置新建层的所属类型的名称，即设置标签的类，用于指定元素属于何种样式的类，便于在 CSS 样式表中使用。多个元素可以使用同一个类，也就是不同元素的类名称可以相同。
- ID：用于设置新建层的唯一标识名称，便于在 CSS 样式表中使用。网页中不同元素的 ID 名称不能重名。

不必为每一个<div>都同时加上类名称和 ID 名称，一般只应用其中一种。这两者的主要差异是：类名称用于一组类似的元素，而 ID 名称用于标识单独的唯一的元素；如果一个<div>里面既要应用某一类样式，又要定义自己独特的样式，则可以为该层同时加上类名称和 ID 名称。

2. 使用代码插入

Div 层是用标签<div></div>来定义，其语法格式如下：

```
<div id="id 名称" class="类名称" >内容</div>
```

例如，新建两个层，ID 名称分别为 id1 和 id2，类名称均为 class1，代码如下：

```
<div id="id1"  class="class1" >层 1</div>
<div id="id2"  class="class1" >层 2</div>
```

Dreamweaver 设计窗口预览效果如图 4-5(a)所示，IE 浏览器窗口预览效果如图 4-5(b)所示。

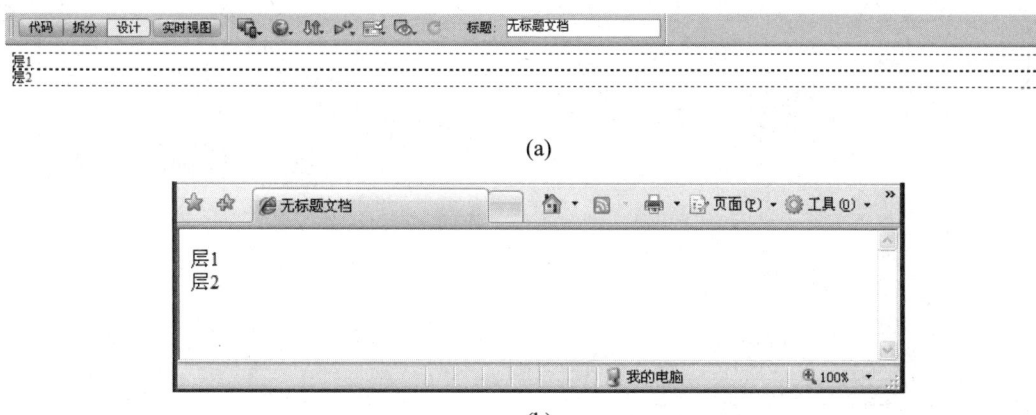

(a)

(b)

图 4-5 "新建层"的预览效果

Div 层是一个块级元素，换行是其默认的唯一的外在格式表现，除此之外，其他的样式都要依靠 CSS 样式表来控制。如果单独使用 Div 而不加任何 CSS，那么它在网页中的效果和使用<P></P>是一样的。本例中没有任何 CSS 样式控制，所以只能看到两个层之间的换行和层内的内容，再无其他样式。

4.1.3 Div 的嵌套

Div 层在网页中属于容器对象，里面可以放置其他对象，如常见的网页元素文本、图片、表单等；也可以放置其他的容器对象，如表格、Div 层等。Div 的嵌套是指在一个 Div 层里面放置一个或多个 Div 层，这与表格嵌套类似。熟练使用 Div 的嵌套，可以方便实现表格单元格实现的效果，如一个 3 行 2 列的表格，只需要在一个 Div 内部嵌套 6 个 Div 即可。此外，Div 层可以实现多重嵌套，其内部可以多级嵌套多个 Div。

Div 嵌套的主要目的是搭建复杂页面。图 4-1 中的在线作业系统页面，从整体结构上，可以划分为上、中、下的垂直结构，对应页面的头部、中部和底部，分别放在 3 个 Div 层中，ID 名称依次命名为 top、main、bottom，如图 4-6 所示。

在 main 中，由于页面内容的需要，可以把 main 划分成左右两个部分，分别放置在两个层中，ID 名称分别为 left 和 right，如图 4-7 所示。由于 left 和 right 两个层位于 main 的内部，这样就形成了 Div 的嵌套。

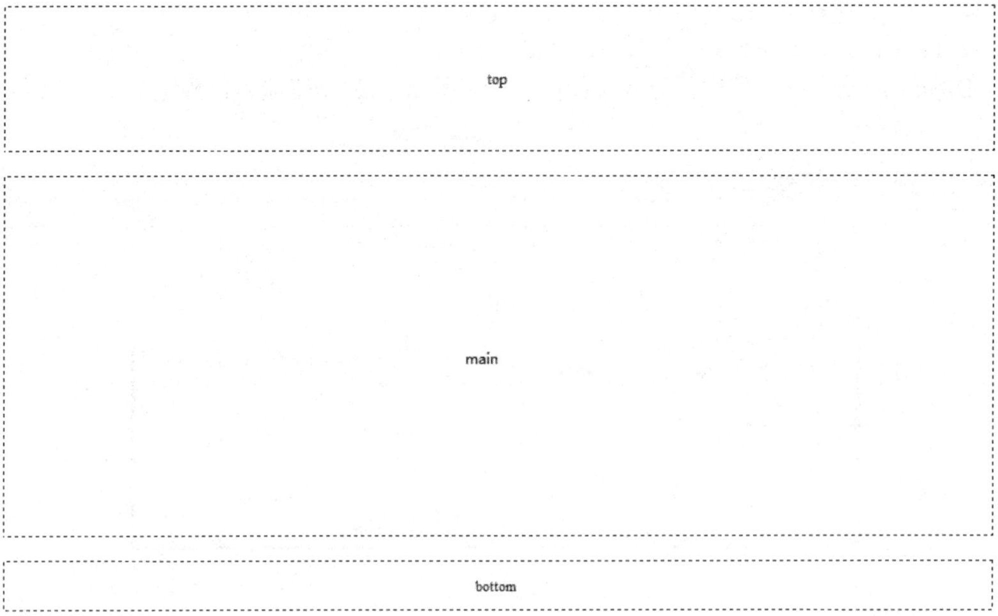

图 4-6　垂直结构划分示意图

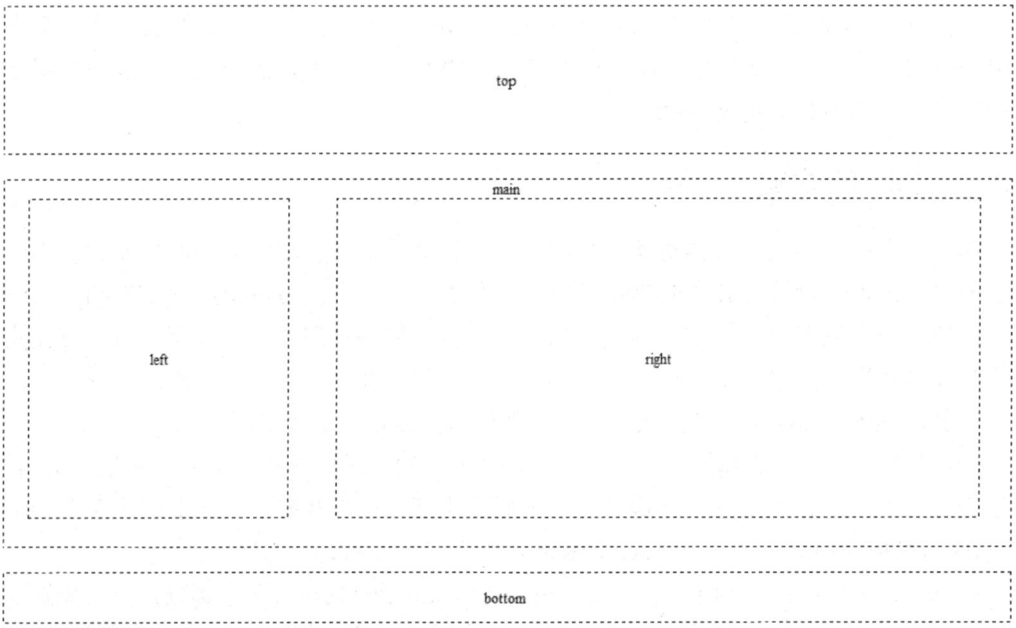

图 4-7　Div 嵌套布局分示意图

4.2　CSS 概述

Web 标准(即网站标准)简而言之就是将页面的结构、表现和行为各自独立实现，其中表现部分的实现就由 CSS 承担。

4.2.1 什么是 CSS

CSS，全称 Cascading Style Sheets，意为层叠样式表，是一种用来表现 HTML 或 XML 等文件样式的计算机语言，是能够真正实现网页表现与内容分离的一种样式设计语言。相对于传统 HTML，CSS 能够对网页中对象的位置进行像素级的精确控制，支持几乎所有的字体字号样式，拥有对网页对象和模型样式编辑的能力，并能够进行初步交互设计。

CSS 是由 W3C(即万维网联盟)的 CSS 工作组产生和维护的，是一种标记语言，它不需要编译，可以直接由浏览器解释执行，属于浏览器解释型语言。CSS 文件本质是一个文本文件，使用.CSS 为文件名后缀。CSS 是描述标记语言(如 HTML)文档外观的一种语言，利用 CSS 可以控制文本的颜色、字体的样式、段落的间距、分栏的大小和布局、背景的图像或颜色以及其他各种视觉效果，负责网页内容的表现部分。

通过使用 CSS 表现 Web 文档，可以大大减少编写单个文档乃至整个网站所花费的时间。相比只使用 HTML 的样式设置机制，CSS 实现的功能更加多样。CSS 的优点主要表现在以下几个方面。

- 简化了网页的格式代码，加快了下载速度。实现同一个页面视觉效果，采用 Div+CSS 重构的页面容量要比 Table 编码的页面文件容量小得多，因此使用 CSS 的 Web 文档占用的带宽会比较少。另外，浏览器还支持缓存特性，即只需下载一次 CSS 文件或其他 Web 文档，只在网站更新后才会再次向 Web 服务器请求该文件，从而进一步增强了网站性能。

- HTML 和 CSS 相互独立。将设计部分剥离出来放在一个独立样式文件中，HTML 文件中只存放文本信息。这样的页面对搜索引擎更加友好。此外，文档的结构和表现分离，可以让设计人员独立于 HTML 编写 CSS。

- 易于维护和改版。通过简单更改 CSS 文件，就可以改变网页的整体表现形，改变整个站点的风格特色。这在修改页面数量庞大的站点时显得格外有用。避免了一个一个网页的修改，大大减少了重复劳动。

总之，与仅仅使用 HTML 相比，使用层叠样式表的这些功能，可以简化网站的规划、制作及维护。通过使用 CSS 表现 Web 文档，可以大量减少网站规划和开发的时间，而且更加符合现在的 W3C 国际标准。

4.2.2 创建 CSS 样式

1. CSS 的定义

CSS 样式可以通过以下 2 种方式定义。

1) 使用代码

CSS 使用代码定义时由 3 个部分构成：选择器(selector)、属性名称(properties)和属性的取值(value)。语法结构如下：

```
selector {property: value;…}
```

说明如下。

- selector：选择器，可以是多种形式，一般是要定义样式的元素的标签名称、ID 名称或者类名称。

- properties：属性。如果需要对一个选择器设定多个属性，要使用分号将所有的属性和值分开。
- value：取值，如果有多个值，用空格分开。

提示： CSS 样式不区分大小写，推荐使用小写。

例如：

```
body {color: black}
```

以上代码设置整个页面的前景色为黑色。其中，body 为标签选择器，表示后面的样式应用于 body 标签括起来的所有部分，即整个页面；color 为属性名称，表示要设定的样式属性为前景色(文本颜色)；black 为属性取值，表示黑色。

又例如：

```
p {text-align: center; color: red}
```

以上代码设置段落里面的文本颜色为红色并且居中对齐。其中，p 为标签选择器，表示后面的样式应用于 p 标签括起来的所有部分，即所有的段落；text-align 和 color 为属性名称，表示要设定的样式属性为文本对齐方式和前景色(文本颜色)；center 和 black 分别为两个属性对应的取值，表示居中对齐、红色。此例中，有两个属性同时作用于一个选择器，属性之间用分号隔开。

再例如：

```
div {margin: 0px 10px;}
```

以上代码设置所有 Div 层的上下外边距为 0px，左右外边距为 10px。其中 div 为标签选择器，表示后面的样式应用于 div 标签括起来的所有部分，即所有的层；margin 为属性，表示要设定的样式属性为外边距；0px 和 10px 是属性的取值，两个值赋给同一个属性，取值之间用空格分开，其中第 1 个值为上下外边距取值，第 2 个值为左右外边距取值。

2) 使用 CSS 面板

(1) 选择"窗口"→"CSS 样式"菜单命令(如图 4-8 所示)，打开"CSS 样式"面板，如图 4-9 所示。

(2) 在"CSS 样式"面板底部，单击"新建 CSS 规则" 🔁 按钮，打开"新建 CSS 规则"对话框，依次设置选择器类型、选择器名称以及规则定义的位置，单击"确定"按钮，如图 4-10 所示。

提示： 在"规则定义"下拉列表中，选择"(仅限该文档)"则样式规则会定义在页面的<head>标签中，作为页面的一部分；选择"(新建样式表文件)"则样式规则会定义在一个单独的 CSS 样式表文件中，通过链接方式提供给页面使用。

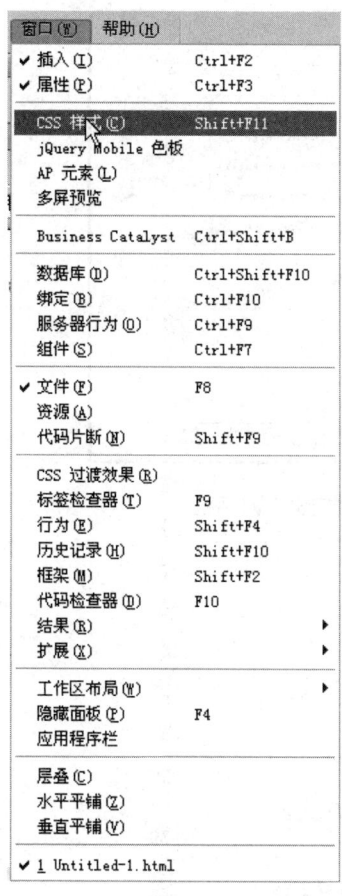

图 4-8 "窗口"菜单

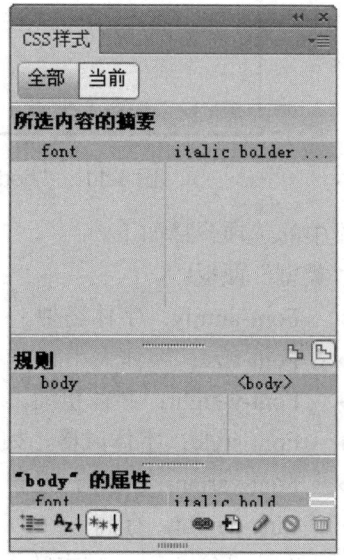

图 4-9 "CSS 样式"面板

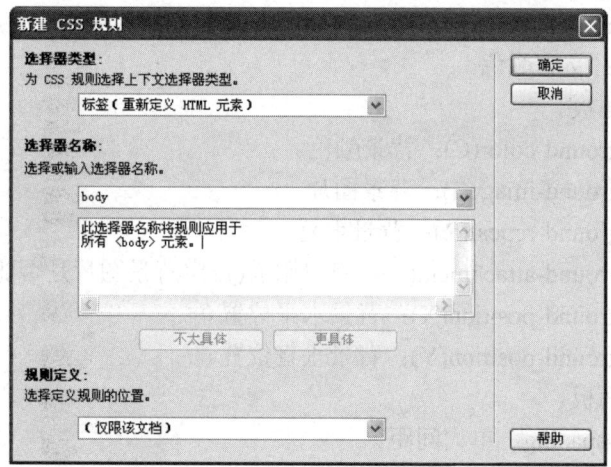

图 4-10 "新建 CSS 规则"对话框

(3) 在打开的"body 的 CSS 规则定义"对话框中，设置选择器对应的样式即可，如图 4-11 所示。

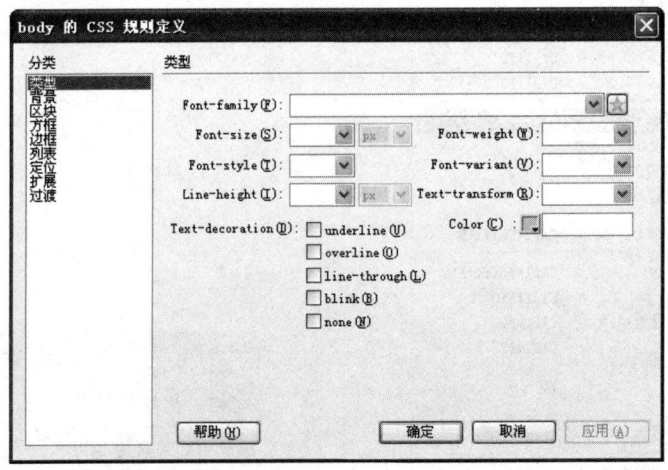

图 4-11　"body 的 CSS 规则定义"对话框

对话框中的选项解释如下。

● "类型"面板。

◆ Font-family：字体类型。

◆ Font-size：字体大小。

◆ Font-weight：字体粗细。

◆ Font-style：字体风格，如斜体、正常等。

◆ Font-variant：变体，设置文本的变体方式。

◆ Line-height：行高。

◆ Text-transform：文本转换(字母大小写转换)。

◆ Text-decoration：字体装饰，取值有 underline(下划线)、overline(上划线)、line-through(删除线)、blink(文本闪烁)、none(无特殊效果)。

◆ Color：文本颜色。

● "背景"面板。

◆ Background-color(C)：背景颜色。

◆ Background-image(I)：背景图片。

◆ Background-repeat(R)：背景重复。

◆ Background-attachment(T)：背景附着(设定背景图片是否随文档滚动)。

◆ Background-position(X)：背景水平位置。

◆ Background-position(Y)：背景垂直位置。

● "区块"面板。

◆ Word-spacing：单词间距。

◆ Letter-spacing：字符间距。

◆ Vertical-align：垂直对齐方式。

◆ Text-aline：水平对齐方式。

◆ Text-indent：首行文本缩进方式。

◆ White-space：对象内空格字符的处理方式。

- ◆ Dispaly：显示方式。
- ● "方框"面板。
  - ◆ Width：宽度。
  - ◆ Height：高度。
  - ◆ Float：浮动方式。
  - ◆ Clear：规定元素的哪一侧不允许出现其他浮动元素。
  - ◆ Padding：内边距(边框到内容的距离)。
  - ◆ Margin：外边距(边框与周围元素的距离)。
- ● "边框"面板。
  - ◆ Style：边框样式(如虚线)。
  - ◆ Width：边框宽度。
  - ◆ Color：边框颜色。
- ● "列表"面板。
  - ◆ List-style-type：列表样式类型。
  - ◆ List-style-image：列表样式图片。
  - ◆ List-style-Position：列表样式位置(用来设定列表样式标记的位置)。
- ● "定位"面板。
  - ◆ Position：位置。
  - ◆ Width：宽度。
  - ◆ Height：高度。
  - ◆ Visibility：规定元素是否可见 (即使不可见，但仍占用空间，建议使用 display 来创建不占页面空间的元素)。
  - ◆ Z-index：设置元素的堆叠顺序。
  - ◆ Overflow：规定当内容溢出元素框时处理方式。
  - ◆ Placement：放置的位置。
  - ◆ Clip：裁剪绝对定位元素。
- ● "扩展"面板。
  - ◆ Page-break-before：设置对象前是否出现分页，此属性在打印文档时发生作用。
  - ◆ Page-break-after：设置对象后是否出现分页，此属性在打印文档时发生作用。
  - ◆ Cursor：规定要显示的光标的类型(鼠标放在指定位置时的形状)。
  - ◆ Filter：对象所应用的滤镜或滤镜集合。

2. CSS 选择器

选择器的作用是定位页面上的元素,也就是指定 CSS 样式应用在哪些元素或者区域内。CSS 选择器的种类有多种，开发人员可以自由灵活地选用相应的选择器，精确定位页面内的任意元素。

1) 标签选择器

一个完整的 HTML 页面是由很多不同的标签组成的，而标签选择器则可确定采用哪些相应的 CSS 样式。例如，有 CSS 样式声明如下：

```
p{font-size:12px;background:#f00;}
```

则页面中所有 p 标签的背景都是 "#f00" (红色)，文字大小均是 12px。在后期维护中，如果想改变整个网站中 p 标签背景的颜色，只需要修改 background 属性即可。

2) 类选择器

类选择器能够为页面元素定义不同的样式。定义类选择器时，在类名称前面加一个点号 "."。例如，要定义段落<p>标签和层<div>标签有相同的样式，可以把以上两个页面元素归为同一个类，代码如下：

```
<p class="a">段落内容</p>
<div class="a">层内容</div>
```

CSS 样式声明如下：

```
.a{font-size:12px;background:#f00;color:#000}
```

这样类名称为 a 的段落<p>标签和层<div>标签样式都被设置为文字大小 12px、背景颜色是 "#f00" (红色)、文字颜色为 "#000" (黑色)。

3) ID 选择器

在 HTML 页面中 ID 名称指定了某个元素，ID 选择器就是用来对这个元素定义单独的样式。定义 ID 选择器时，在 ID 名称前面加一个 "#" 号。例如，设置 ID 名称为 b 的段落样式，首先定义段落 ID 名称，代码如下：

```
<p id="b">段落内容</p>
```

CSS 样式声明如下：

```
#b{font-size:20px;}
```

这样 ID 名称为 b 的段落文字大小会被设置为 20px。

以上 3 种选择器是进行页面布局美化中最基本也是最主要的 3 种类型。此外，还有一些选择器在进行页面布局美化中也有自己的特殊用途，现说明如下。

(1) 通用选择器：定义时用 "*" 表示，可以匹配任何元素。使用该选择器，可以给所有页面元素定义共通的样式或者默认样式。例如，要控制页面所有文字默认大小为 12px，可以声明 CSS 样式为 "*{font-size:12px;}"。

(2) 伪类选择器：主要用于定义部分标签或类在某种状态下的样式。定义该选择器时在标签名或类名称后加上冒号 ":"，其后跟伪类名称。常用的一些伪类选择器说明，参见表 4-2。

表 4-2　常用的伪类选择器

序　号	选 择 器	含　　义	示　　例
1	:link	匹配所有未被点击的链接	a:link{color:#f00} /*超链接未被点击前颜色为红色*/
2	:visited	匹配所有已被点击的链接	a:visited{color:#00f} /*超链接被点击后颜色为蓝色*/

高职高专立体化教材　计算机系列

续表

序　号	选 择 器	含　义	示　例
3	:active	匹配鼠标已经在其上按下、还没有释放的元素	a:active{color:#f0f} /*超链接被选定时颜色为紫色*/
4	:hover	匹配鼠标悬停其上的元素	a:hover{color:#0f0} /*鼠标移动到超链接上时颜色为绿色*/
5	:focus	匹配获得当前焦点的元素	input:focus {background:#ffe; } /*获得焦点的输入字段背景为黄色*/
6	:first-line	匹配元素的第 1 行	p: first-line {font-weight:bold;} /*设置段落的第 1 行文字加粗*/
7	:first-letter	匹配元素的第 1 个字母	p:first-letter{font-size:2em;} /*设置段落的第一个字为 2 倍大小*/
8	:first-child	匹配元素的第 1 个子元素	页面内容： <p>aaa</p> <p>bbb</p> 样式： p:first-child{ font-style:italic;} 效果： 两个段落中的第 1 个文本格式为斜体，而第 2 个段落不受该样式控制

（3）组合选择器：在实际使用中，有时需要对多个基本选择器进行组合使用，通过不同方式连接而成选择器，主要包含 4 种组合方式。

① 多元素选择器：定义时以逗号分隔多个选择器，格式为"A,B,C"，含义是一次性匹配 A、B、C 所有选择器。例如，有代码如下：

```
<p>段落内容</p>
<div>层内容</div>
```

CSS 样式声明如下：

```
p,div{font-size:12px;background:#f00;color:#000}
```

以上样式把段落<p>标签和层<div>标签样式都被设置为文字大小 12px、背景颜色是"#f00"(红色)、文字颜色为"#000"(黑色)。

② 后代选择器：以空格分隔两个选择器，格式为"A B"，匹配 A 元素里包含的 B 元素。注意，这种方式只对在 A 元素里的 B 元素有效。例如，有代码如下：

```
<p>段落 1</p>
<div><p>段落 2</p></div>
```

CSS 样式声明如下：

```
div p{ color:#f00}
```

以上样式只是把<div>标签里面的<p>标签(即"段落2")的文字颜色设置为红色,而单独的<p>标签(即"段落1")格式不受该样式影响。

③ 子元素选择器:以大于号分隔两个选择器,格式为"A>B",匹配A元素的直接子元素B。例如,有代码如下:

```
<div><span>aaa</span><p><span>bbb</span></p></div>
```

CSS样式声明如下:

```
div>span{ color:#f00}
```

以上样式只是把<div>标签里面直接嵌套的<span>标签文本(即 aaa)的文字颜色设置为红色,而在<div>标签里面的<p>标签里面的<span>标签文本(即bbb)格式不受该样式影响。

④ 相邻兄弟选择器:以加号分隔两个选择器,格式为"A+B",匹配紧跟在A元素后面的B元素。例如,有代码如下:

```
<p>段落1</p>
<div>层</div>
<p>段落2</p>
```

CSS样式声明如下:

```
div+p{ color:#f00}
```

以上样式只是将紧跟在<div>标签后面的<p>标签文本(即"段落2")的文字颜色设置为红色,而在<div>标签前面的<p>标签里的文本(即"段落1")格式不受该样式影响。

3. CSS 样式的使用规则

CSS样式的使用规则如下。

1) 样式的继承性

样式表的继承性是指被包在内部的标签将拥有外部标签的样式性质。具体来说,就是所有在元素中嵌套的元素都会继承外层元素指定的属性值;如果有多层嵌套,则最里层的样式是外层所有样式的叠加。继承是一种机制,它允许样式不仅可以应用于某个特定的元素,还可以应用于它的后代。例如,有如下代码:

```
<body><div>层内容</div><p>段落1</p></body>
```

CSS样式声明如下:

```
body{ color:#f00;}
```

以上样式给<body>标签定义文本颜色为"#f00"(红色)。基于继承性,该样式也会应用于<body>标签内的所有文本,也就是<div>标签和<p>标签内的文本颜色也会被设置为"#f00"(红色)。

不过,继承也有其局限性,有些属性是不能继承的,如 border、margin、padding、background 等。

2) 样式的优先级

既然有继承性，那么在样式表中的应用上，如果多个样式表同时应用到一个对象时，会发生什么情况呢？这就要遵照 CSS 样式的优先级了。所谓 CSS 优先级，是指 CSS 样式在浏览器中被解析的先后顺序，具体说明如下。

- 样式表的元素选择器选择越精确，则其中的样式优先级越高：ID 选择器指定的样式>类选择器指定的样式>元素类型选择器指定的样式。
- 对于相同类型选择器制定的样式，在样式表文件中，越靠后的优先级越高，即就近原则。
- 如果要让某个样式的优先级变高，可以使用"!important"来指定。

4. CSS 代码的常用属性介绍

- height：设置对象的高度。
- width：设置对象的宽度。
- margin：设置对象的外边距，也就是到父容器的距离。此外，也可以分别用 margin-left、margin-right、margin-top、margin-bottom 属性分别设置左外边距、右外边距、上外边距和下外边距(具体说明见 4.3.2 节)。
- padding：设置对象的内边距(即对象内的子元素与对象边界之间的距离)。同样的，也可以通过分别用 padding-left、padding-right、padding-top、padding-bottom 属性分别设置左内边距、右内边距、上内边距和下内边距(具体说明见 4.3.2 节)。
- border：设置对象的边框样式。可直接设置边框样式、颜色、宽度。也可以用 border-style、border-color、border-width 单独设置边框样式、颜色和宽度。此外，还可以使用 border-left、border-right、border-top、border-bottom 四个属性分别设置左边框、右边框、上边框和下边框(具体说明见 4.3.2 节)。
- display：设置显示属性。常用值有 block、none、inline，分别设置对象显示为块级元素、隐藏元素、内联元素。
- float：设置对象在页面上的浮动方式，其值有 left(靠左浮动)、right(靠右浮动)、none(不浮动)。
- background：设置背景样式。该属性是复合属性，可直接设置背景的颜色、背景图片、平铺方式等样式。也可以用以下属性分别设置：background-color(设置背景颜色)；background-attachment(背景图像的附加方式)，其值有 scroll、fixed；background-image(指定背景图片)；background-repeat(背景图像的平铺方式)，其值有 no-repeat(不平铺)、repeat(两个方向平铺)、repeat-x(水平方向平铺)、repeat-y(垂直方向平铺)；background-position(定位背景图片的位置)，其值有 top、bottom、left、right 的不同组合，也可以用坐标指定具体位置。
- position：设置对象的定位方式，常用值有 relative 和 absolute。若指定为 relative，可以用 top、left、right、bottom 来设置对象在页面中的偏移；若指定为 absolute，可以用 top、left、right、bottom 对 Div 进行绝对定位。
- font：指定文本的样式。该属性是复合属性，其后可跟文本的多个样式，也可以分别用属性设置文本的各个样式，如 font-family(字体名称)、font-weight(文本的粗细，其值有 bold、bolder、lighter 等)、font-size(文本的大小)、font-style(文本样式，其值有 italic、normal、oblique 等)。

- color：设置文本颜色。赋值时，可以使用十六进制色(如"#f00"代表红色)、RGB 颜色(如"rgb(255,0,0)"代表红色)、预定义的颜色名(如"red"代表红色)。
- text-align：指定文本水平对齐方式，其值有 center(居中对齐)、left(默认值，左对齐)、right(右对齐)、justify(两边对齐)。
- text-decoration：用于文本的修饰，其值有 none(无样式)、underline(下划线)、overline(上划线)、line-through(贯穿线)和 blink(闪烁)。
- text-indent：设置文本的缩进，默认值为 0。
- text-transform：设置文本的字母大小写。其值有 lowercase(转换成小写)、uppercase(转换成大写)、capitalize(将每个单词的第 1 个字母转换成大写，其余无转换)、none(默认值，无转换)。
- direction：设置内容的流向。其值有 ltr(从左至右)、rtl(从右至左)。
- line-height：指定对象的行高。
- word-spacing：设置字间距。
- overflow：设置对象的内容超过其指定高度及宽度时如何管理内容，其值有 scroll(始终显示滚动条)、visible(不显示滚动条，但超出部分可见)、auto(内容超出时显示滚动条)、hidden(超出时隐藏内容)。
- z-index：设置对象的层叠顺序。用 z-index 属性时，position 要指定为 absolute。
- cursor：设置在对象上移动的鼠标指针采用的光标形状。此属性的值可以是多个，其间用逗号分隔，假如第 1 个值不可以被客户端系统理解或所指定的光标无法找到及显示，则第 2 个值将被尝试使用，依此类推。
- clip：设置对象的可视区域，可视区域外的部分是透明的。格式为"clip:rect(top right bottom left)"，分别设置上、下、左、右的裁剪距离，但此时要把 position 指定为 absolute。

提示： 为了便于讲述知识点，后面所有的 CSS 样式将使用代码方式定义，读者可以自行对照"CSS 规则定义"对话框的相应位置进行设置，此后不再说明。

4.2.3 CSS 样式在网页中的应用

上节介绍了 CSS 样式声明代码应该放在什么位置，那么怎样才能控制页面效果呢？有以下 4 种方式。

1. 行内方式

行内方式是 4 种样式中最直接、最简单的一种，是在对象的标签内使用对象的 style 属性定义样式表属性，例如，如下代码用来设置段落里面文本颜色为"#f00"(红色)：

```
<p style="color:#f00; "></p>
```

虽然这种方法比较直接，在制作页面的时候需要为很多的标签设置 style 属性，所以会导致 HTML 页面不够纯净，文件体积过大。

2. 内嵌方式

内嵌方式是将 CSS 样式声明代码写在<head></head>之间，并且用<style></style>进行声明，例如：

```
<html>
<head>
<meta http-equiv="Content-Type" content="text/html; charset=utf-8" />
<title>css 样式应用</title>
<style type="text/css">
<!--
body {font: italic bolder 25px "楷体_GB2312";}
-→
</style>
</head>
<body>
<p>内嵌样式表的应用</p>
</body></html>
```

以上样式设置了页面内文字样式为斜体、加粗、大小为 25px、字体为"楷体_GB2312"，效果如图 4-12 所示。

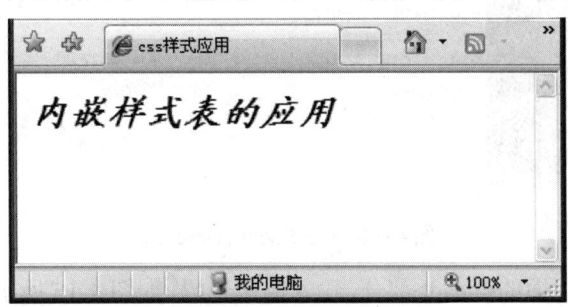

图 4-12　内嵌样式表预览效果图

提示：　将 style 对象的 type 属性设置为 "text/css"，是允许不支持这类型的浏览器忽略该样式。

3. 链接方式

链接方式是使用频率最高、最实用的方式，只需要在<head></head>之间加上 "<link href="style.css" type="text/css" rel="stylesheet" />" 就可以了。这种方式将 HTML 文件和 CSS 文件彻底分成两个或者多个文件，实现了面框架 HTML 代码与美工 CSS 代码的完全分离，使得前期制作和后期维护都十分方便，如果需要改变网站风格，只需要修改 CSS 文件就行了，这也是制作页面提倡的一种方式。该方式的使用方法如下。

(1) 创建一个 CSS 文件。选择"文件"→"新建"菜单命令，选择"页面类型"为 CSS，如图 4-13 所示。

(2) 在打开的代码窗口中，输入 CSS 样式表代码，如图 4-14 所示。选择"文件"→"保存"菜单命令，保存为 style.css。

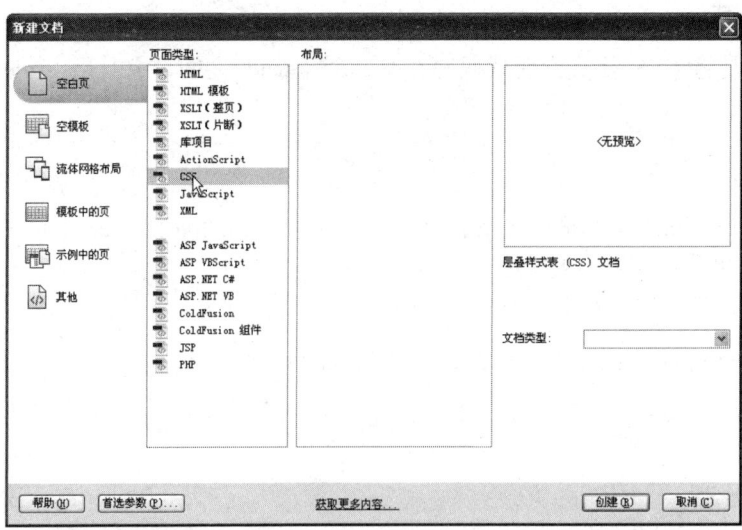

图 4-13 新建 CSS 文件

图 4-14 CSS 文件代码窗口

(3) 在制作好的页面的<head>部分，输入链接代码，如图 4-15 所示，最终效果如图 4-16 所示。

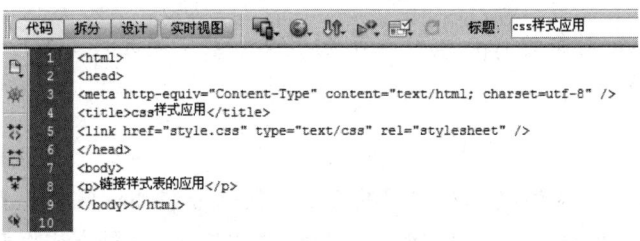

图 4-15 网页代码窗口

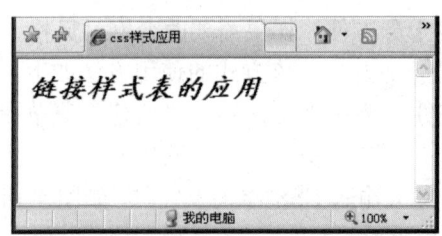

图 4-16 链接样式表预览效果图

把样式表链接到网页时，是通过给<link>标签里面的 href 属性赋值实现，赋值时应该使用相对路径。

4. 导入方式

导入样式和链接样式相似，是用 import 方式导入 CSS 样式表文件，即只需在 <style></style>之间加上" @import "style.css"; "即可。在 HTML 初始化时，该样式表就会被导入到 HTML 文件中，成为文件的一部分，类似第 2 种内嵌方式，这里不再详述。

4.3 盒子模型

盒子模型是 CSS 控制页面时一个很重要的概念，是 Div+CSS 布局页面中的核心。只有很好地掌握了盒子模型以及其中每个元素的用法，才能真正地控制好页面中的各个元素。

4.3.1 盒子模型概述

传统的表格排版是通过大小不一的表格和表格嵌套来定位排版网页内容。改用 CSS 排版后，就是由 Div 层定义的大小不一的盒子和盒子嵌套通过 CSS 样式来布局定位网页。盒子模型的 4 要素分别是 content(内容)、border(边框)、padding(内边距)、margin(外边距)，如图 4-17 所示。

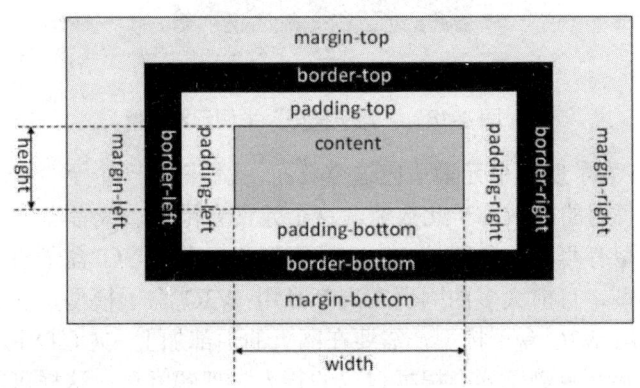

图 4-17 盒子模型示意图

在盒子模型中，页面被看成是由许许多多的盒子组成的，与现实生活中的盒子相似。边框(border)相当于盒子的厚度，内容(content)相对于盒子中所装物体的空间，内边距(padding)相当于为防震而在盒子内填充的泡沫，外边距(margin)相当于盒子和盒子之间的距离(盒子周围要留出一定的空间，方便取出)。

在 Web 标准中，盒子模型中的 width 属性指的是盒子所包含内容的宽度，而整个盒子的实际宽度计算公式如下：

实际宽度=padding−left+border−left+margin−left+width+padding−right+border−right
　　　　　+margin−right

相应地，盒子模型中的 height 属性指的是盒子所包含内容的高度，而整个盒子的实际

高度计算公式如下:

实际高度=margin-top+border-top+padding-top+height+padding-bottom+border
-bottom+margin-bottom

例如,创建一个类名为 box 的 Div 盒子,其 CSS 样式声明如下:

```
.box {  width: 300px;  height: 200px;  padding: 10px;
       border: 1px solid #000;  margin: 15px;}
```

通过盒子模型计算公式,得到该元素的实际占有宽度和高度如下:

实际宽度= 15 + 1 + 10 + 300 + 10 + 1 + 15 = 352px

实际高度= 15 + 1 + 10 + 200 + 10 + 1 + 15 = 252px

该元素对应的盒子模型示意如图 4-18 所示。

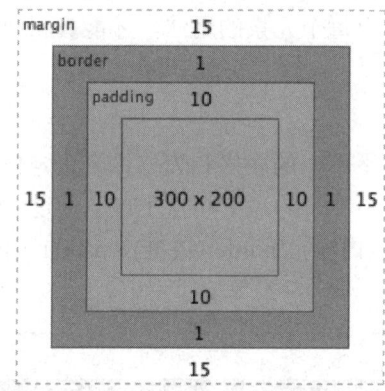

图 4-18   "盒子模型"举例示意图

从该例子得知,为了使这个元素适应这个页面,我们需要一个至少 352px 宽度和 252px 高度的区域。如果可用的区域小于此数值,这个元素会错位,或者溢出它的包含块。

其实,盒子模型有两种,分别是 IE 盒子模型和标准 W3C 盒子模型。以上介绍的是标准 W3C 盒子模型,目前大多的网页布局都是用 W3C 盒子模型,它的兼容性非常好。要明确规定网页使用 W3C 盒子模型,需要在网页的顶部加上 DOCTYPE 声明。如果不加 DOCTYPE 声明,那么各浏览器会根据自己的行为去理解网页,这样可能导致同一个网页在不同的浏览器中显示的不一样。反之,如果加上了 DOCTYPE 声明,那么所有浏览器都会采用标准 W3C 盒子模型去解释盒子,网页就能在各个浏览器中显示一致。

4.3.2   margin、padding 与 border

盒子模型中涉及若干构成盒子的要素,要理解盒子模型,关键就是要了解 margin、padding 和 border 的属性。

1. margin

margin 指外边距,控制页面元素之间的距离,它们是透明不可见的。

1)   margin 的用法

margin 属性是一个复合属性,通过使用单独的属性,可以对上、右、下、左的外边距进行设置,即 margin-top、margin-right、margin-bottom、margin-left;也可以使用简写的外边距属性同时改变所有的外边距,即 margin:toprightbottomleft,如"margin:10px20px30px 40px"分别代表从正上方顺时针"上右下左"4 个外边距。可以给 margin 属性赋 1 到 4 个值,具体说明如下。

- 1 个值:该值就是对象到父容器的上、右、下、左边 4 个边的距离,表示上右下左的 margin 同为这个值。如"margin:10px"就等于"margin:10px10px10px10px"。
- 2 个值:第 1 个值表示上、下外边距,第 2 个值表示左、右外边距。如"margin:10px20px";就等于"margin:10px20px10px20px"。
- 3 个值:第 1 个值表示上外边距,第 2 个值表示左、右外边距,第 3 个值表示下外边距。如"margin:10px20px30px";就等于"margin:10px20px30px20px"。
- 4 个值:依次为上外边距、右外边距、下外边距、左外边距。如"margin:10px20px30px40px"。

margin 属性在赋值时可以是长度值(如"margin:10px;");也可以是百分比值(如"margin:10%;"),百分比是基于父对象的高度或宽度;还可以使用 auto 为其赋值,表示由浏览器计算取值。此外,margin 还可以使用负数赋值。

2) margin 的合并

所谓 margin 的合并,其正式名称叫作 collapsing-margins,指的是当两个垂直外边距相遇时,它们将形成一个外边距,合并后的外边距的高度等于两个发生合并的外边距的高度中的较大者,这对页面布局会产生一定的影响。需要注意的是,这种合并现象只存在于垂直相邻或有从属关系的元素之间。

例如,在<body></body>标签中输入以下代码:

```
<p id="p1">段落 1</p><p id="p2">段落 2</p>
```

以上代码创建了两个段落,ID 名称分别为 p1 和 p2。CSS 样式声明如下:

```
*{ margin:0; padding:0; }   /*清空页面内所有元素的内外边距*/
#p1{ margin-bottom:20px; background-color:#F00;}
  /*设置段落 p1 的上外边距为 20px,背景色为红色*/
#p2{ margin-top:10px; background-color:#FF0;}
  /*设置段落 p2 的上外边距为 10px,背景色为黄色*/
```

从理论上分析,段落 p1 的下外边距为 20px,而段落 p2 的上外边距为 10px,两个段落上下相邻,段落 p1 和 p2 之间的垂直间隔应该为 10px+20px=30px。但是,由于段落 p1 和 p2 垂直外边距发生相邻元素间的 margin 合并,所以最终段落 p1 和 p2 之间的垂直间隔以两者中的较大者为准,也就是 20px,最终效果如图 4-19 所示。

图 4-19　相邻元素 margin 合并效果

margin 是外边距,padding 是内边距,使用 CSS 时首先要做的就是把所有标签的 margin

和 padding 清空，这样更容易控制布局和兼容浏览器(\<p\>、\<li\>等标签都默认有 margin)。清空方法"*{margin:0; padding:0;}"，其中"*"是通配符，表示所有标签元素。

又例如，在\<body\>\</body\>标签里面输入以下代码：

```
<div id="d1"><p id="p1">段落 1</p><p id="p2">段落 2</p></div>
```

以上代码在 ID 名称为 d1 的层里面创建了两个段落，ID 名称分别为 p1 和 p2。该页面的 CSS 样式声明如下：

```
*{ margin:0; padding:0;}   /*清空页面内所有元素的内外边距*/
#d1{ background-color:#00F;}    /*设置层 d1 的背景色为蓝色*/
#p1{ margin-top:20px; background-color:#F00;}
/*设置段落 p1 的上外边距为 20px，背景色为红色*/
#p2{ margin-top:10px; background-color:#FF0;}
/*设置段落 p2 的上外边距为 10px，背景色为黄色*/
```

页面最终效果如图 4-20 所示。

对以上代码从理论上分析，由于段落 p1 设置了与其父元素层 d1 上外边距为 20px，也就是说段落 p1 上边界与层 d1 的上边界之间应该有 20px 的间隔，而这 20px 属于父元素层 d1 的内部，应该显示层 d1 的背景色蓝色。但是，从效果图看来段落 p1 上方确实有 20px 的间隔，但是却不是父元素 d1 的蓝色背景，这是为什么呢？

这个问题发生的原因是，根据规范，一个盒子如果没有上内边距(padding-top)和上边框(border-top)，那么这个盒子的上边距会和其内部的第 1 个子元素的上边距重叠。换句话说，父元素的第 1 个子元素的上边距 margin-top 如果碰不到父元素的 border 或者 padding，就会把自己的 margin 当作父元素的 margin 执行。

要解决这个问题也不难，只要为父元素增加一个 border-top 或者 padding-top 即可。下面为层 d1 加上 border-top 上边框，修改后 d1 的样式如下：

```
#d1{ background-color:#00F;border-top:#000 1px solid;}
/*设置层 d1 的背景色为蓝色，上边框线为黑色、1 像素、实线*/
```

修改后的效果如图 4-21 所示，由于排除了父子元素的 margin 合并问题，这就跟理论分析效果一致了。

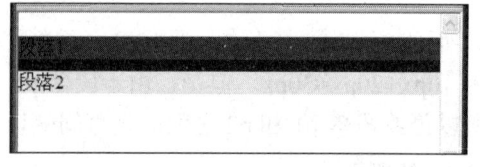 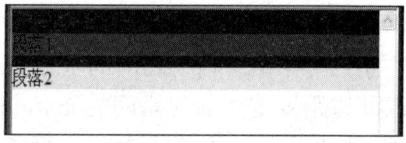

图 4-20 父子元素 margin 合并效果　　图 4-21 排除 margin 合并后的效果

2. padding

Padding 指内边距，控制块级元素内部 content(内容)与 border(边框)之间的距离，是透明不可见的。

padding 的用法与 margin 类似，也是一个复合属性，通过使用单独的属性 padding-top、padding-right、padding-bottom、padding-left，可以对上、右、下、左的内边距进行设置；

也可以使用简写的内边距属性同时改变所有的内边距，即"padding: top right bottom left"，具体用法参照 margin 属性。与 margin 不同的是，padding 属性接受长度值或百分比值，但不允许使用负值。

padding 与 margin 属性都可以用来控制边距，而且两者在许多地方的控制效果都相同。例如，在<body></body>标签里面输入以下代码：

```
<p id="p1">这是一个段落</p>
```

以上代码创建了 1 个段落，ID 名称为 p1。其预览效果如图 4-22 所示。现在要使段落 p1 与页面的上边和左边都能间隔 10px 距离，使用 margin 属性或 padding 属性都能实现，设置边距后的效果如图 4-23 所示。margin 属性的 CSS 样式声明如下：

```
*{ margin:0; padding:0; }   /*清空页面内所有元素的内外边距*/
#p1{ margin-top:10px;margin-left:10px;}/*设置段落的上外边距和左外边距为10px*/
```

padding 属性的 CSS 样式声明如下：

```
*{ margin:0; padding:0; }   /*清空页面内所有元素的内外边距*/
#p1{ padding-top:10px;padding-left:10px;}/*设置段落的上内边距和左内边距为10px*/
```

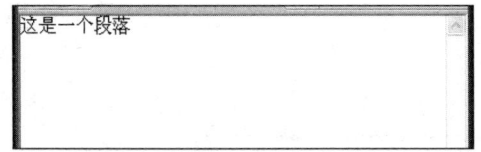

图 4-22　未设置边距前的效果　　　　图 4-23　设置边距后的效果

虽然两者在使用效果上非常相似，但是也有一些情况只能使用其中一种属性才能达到需要的效果。比如，拉开的空白边距需要有背景颜色填充，这时则使用 padding 属性；如果需要垂直相邻的元素间的边距合并，则使用 margin 属性，这是因为 margin 属性存在 collapsing-margins 的现象。

3. border

border 用于设置对象的边框样式。

在盒子模型中，元素外边距内就是元素的边框(border)，元素的边框就是围绕元素内容和内边距的一条或多条线。每个边框包括宽度、样式以及颜色等属性，也就是说，border 是一个复合属性。通过使用单独的属性 border-top、border-right、border-bottom、border-left，可以对上、右、下、左 4 条边的边框样式进行分别设置；也可以使用简写的边框属性统一设置 4 个方向的边框样式，其语法格式为：

```
border : border-width || border-style || border-color
```

说明如下。

- border-width 属性：边框宽度，取值如下。
  - ◆ mdium：默认值，默认宽度。
  - ◆ thin：小于默认宽度。
  - ◆ thick：大于默认宽度。

◆ length：由浮点数字和单位标识符组成的长度值。

● border-style 属性：边框样式，取值如下。

◆ none：默认值，无边框，与任何指定的 border-width 值无关。

◆ hidden：隐藏边框，除了同表格的边框发生冲突的时候，其他同 none。

◆ dotted ：点划线。

◆ dashed：虚线。

◆ solid：实线边框(常用)。

◆ double：双线边框。两条单线与其间隔的和等于指定的 border-width 值。

◆ groove：槽状。

◆ ridge：脊状，和 groove 相反。

◆ inset：凹陷。

◆ outset：凸出，和 inset 相反。

● border-color 属性：边框颜色。默认值为当前文本颜色，赋值方式如下。

◆ 指定颜色的名称，如"red"。

◆ 指定 RGB 值，如"rgb(255,0,0)"。

◆ 指定 16 进制值，如"#ff0000"。

◆ transparent：颜色透明。

其中边框样式效果如图 4-24 所示。

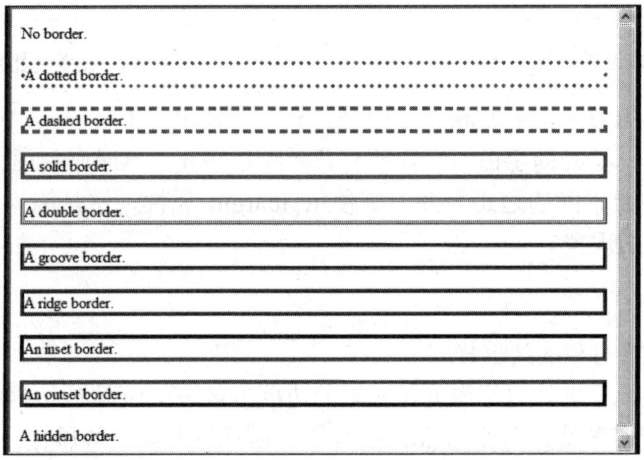

图 4-24　border-style 边框样式的效果

需要注意的是，当指定了边框颜色(border-color)和边框宽度(border-width)时，必须同时指定边框样式(border-style)，否则边框不会被显示。另外，如使用复合属性 border 定义时只为其设置了单个参数，则其他参数的默认值将无条件覆盖各自对应的单个属性设置。例如，设置"border : thin"等于设置"border : thin none"，而 border-color 的默认值将采用文本颜色。

此外，除了使用 border 复合属性同时设置边框样式、宽度和颜色外，也可以使用 border-style、border-width、border-color 属性分别设置边框的样式、宽度和颜色。与此类似，每一条边的边框样式既可以使用复合属性统一设置(如"border-top")，也可以使用单独属性分别设置(如"border-top-style""border-top-width""border-top-color")。

4.3.3 块级元素与内联元素

在盒子模型中，通过 Div 层可以定义页面中大大小小的"盒子"。其实，除了可以使用 Div 层作为容器来装载页面内容外，其他一些页面元素也可以作为装载内容的容器，这就是块级元素。

在用 CSS 布局页面的时候，一般会将 HTML 标签分成 2 种：块级元素(block)和内联元素(inline)，如 div 和 p 就是块级元素，链接标签 a 就是内联元素。

1. block(块级元素)

1) block 的特点

block 具有以下几个方面的特点。

- 总是独占一行，排斥其他元素与其位于同一行。
- 可设置宽度(width)、高度(height)、内边距(padding)和外边距(margin)。
- 一般是其他元素的容器，可容纳内联元素和其他块级元素。

2) 常用块级元素标签

常用块级元素标签列举如下。

- <ol>：有序列表。
- <ul>：无序列表。
- <dl>：自定义列表。
- <table>：表格。
- <li>：列表项。
- <dt>：自定义列表中的项目。
- <dd>：自定义列表内容。
- <caption>：表格标题。
- <thead>：表格头部。
- <tbody>：表格主体内容。
- <tfoot>：表格尾部。
- <th>：定义表头单元格。
- <tr>：定义表格中的行。
- <td>：定义表格中的标准单元格。
- <colgroup>：在表格中定义一个列组。
- <col>：定义表格中一列的属性。
- <h1>/<h2>/<h3>/<h4>/<h5>/<h6>：各级标题。
- <p>：段落。
- <blockquote>：文本缩进。
- <address>：电子邮箱地址。
- <div>：定义文档中的分区或节。
- <form>：创建 HTML 表单。

- <hr>：创建一条水平线。

2. inline(内联元素)

1) inline 的特点

inline 具有以下特点。

- 和相邻的内联元素在同一行。
- 设置宽度(width)、高度(height)无效，可以通过 line-height 来设置。
- 设置 margin/padding 时只有左右有效，上下无效。
- 只能容纳文本或者其他内联元素。

2) 常用内联元素标签

常用内联元素标签列举如下。

- <a>：定义超链接。
- <b>：字体加粗。
-
：换行。
- <dfn>：定义一个定义项目。
- <em>：定义为强调的内容。
- <i>：斜体文本效果。
- <img>：向网页中嵌入一幅图像。
- <input>：定义表单输入框。
- <label>：定义标签文本(标记)。
- <select>：创建单选或多选菜单。
- <span>：组合文档中的行内元素。
- <strong>：定义强调的内容。
- <sub>：定义下标文本。
- <sup>：定义上标文本。
- <textarea>：定义多行的文本输入控件。

3. 块级元素与内联元素的转换

样式控制中的两种不同元素，即内联元素和块级元素，在需要的时候是可以相互转换的。比如，如果想要设置内联元素的宽度和高度，就可以把它转化成块级元素，使其具有块级元素的特性，宽度和高度也就起作用了。

块级元素与内联元素之间的转换是通过样式属性 display 来设置的，具体语法如下。

- 内联转化为块级："display:block"。
- 块级转化为内联："display:inline"。

其实，display 属性除了以上两种取值外，还有一个常用取值：none，含义是隐藏对象，也就是让对象不可见。例如，在<body></body>标签里面输入以下代码：

```
<div id="d1">层 1</div><div id="d2">层 2</div>
<a id="a1" href="#">链接 1</a><a id="a2" href="#">链接 2</a>
```

以上代码依次创建了 2 个层，ID 名称分别为 d1 和 d2；创建了两个超链接，ID 名称分别为 a1 和 a2，其 CSS 样式声明如下：

```
#d1{width:100px; height:100px; background-color:#00f;}
#d2{width:100px; height:100px; background-color:#f00;}
#a1{text-decoration:none; color:#00f;width:100px; height:100px; }
#a2{text-decoration:none; color:#f00;width:100px; height:100px; }
```

由于\<div\>是块级元素，可以独占一行并且可以设置高度和宽度；而\<a\>是内联元素，和相邻的内联元素位于同一行，虽然定义了高度和宽度，但是对内联元素并不起作用，所以最终效果如图 4-25 所示。

下面把块级元素和内联元素做一个转换，修改后的 CSS 声明如下：

```
#d1{width:100px; height:100px; background-color:#00f; display:inline;}
#d2{width:100px; height:100px; background-color:#f00; display:inline;}
#a1{text-decoration:none; color:#00f;width:100px; height:100px; display:block;}
#a2{text-decoration:none; color:#f00;width:100px; height:100px; display:block;}
```

以上代码将两个层从块级元素转换成了内联元素，因此两个层同在一行并且宽度和高度失效了；将两个超链接从内联元素转换成了块级元素，因此，两个超链接各独占一行并且前面设置的高度和宽度已经生效，如图 4-26 所示。

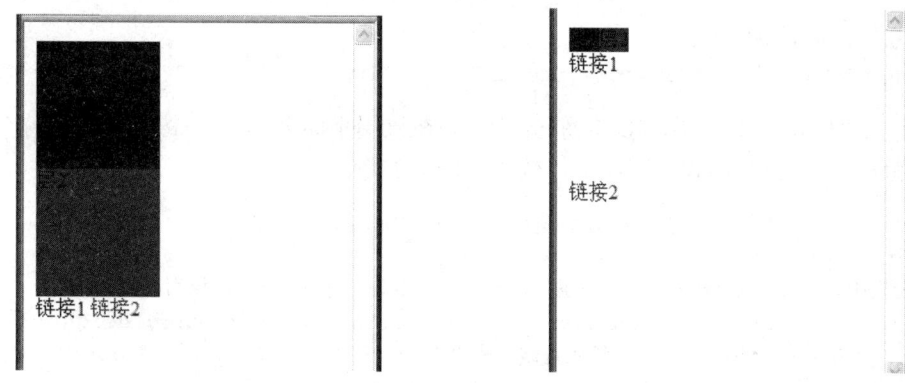

图 4-25　内联元素和块级元素原始效果　　　图 4-26　内联元素和块级元素转换后的效果

4.3.4 Div 的浮动与定位

在盒子模型的具体应用过程中，可以使用\<div\>层来定义各种大大小小的盒子，但是如何把定义好的盒子放置到页面需要的位置呢？这就需要通过 CSS 样式对 Div 进行定位和页面布局了。CSS 页面布局有两种方式：浮动(float)和定位(position)。

1. Div 的浮动

1) 浮动的概念

浮动(float)，就是将对象元素漂移到其父元素边框，或者前一个浮动元素的边框为止。由于对象发生浮动后就会脱离标准文档流，所以标准文档流中的其他页面元素就会当浮动对象不存在从而占据其空间。任何元素都可以被浮动。p、Div 块级元素可以被浮动，即使是像 span 和 strong 这样的行内置元素也是可以浮动的。

从理论上来说，Div 定义的盒子是块级元素，两个相邻的 Div 盒子会各独占一行垂直排列。在页面布局的过程中，如果需要让两个 Div 盒子并列排列，该怎么办呢？虽然可以通过把 Div 转换成内联元素，将两个 Div 盒子放在一行，但是也会失去块级元素的所有特性(宽度和高度等都会失效)，也就不能再作为盒子使用了。那怎样才能既保持块级元素的特性，又能让两个块级元素并列排列呢？答案就是使用"浮动"。浮动的盒子可以向左或向右移动，直到它的外边缘碰到包含它的盒子或另一个浮动盒子的边框为止。由于浮动后的盒子不在文档的标准流中，所以文档标准流中的其他盒子就会当浮动的盒子不存在从而挤占其空间。

2) 浮动的使用

在 CSS 样式中，浮动效果是通过设置 float 属性来完成的，语法如下：

```
float : none | left |right
```

参数说明如下。

- none：对象不浮动。
- left：对象浮在左边。
- right：对象浮在右边。

例如，在<body></body>标签里面输入以下代码：

```
<div id="main">
<div id="d1">层 1</div><div id="d2">层 2</div><div id="d3">层 3</div></div>
```

以上代码创建了 1 个层，ID 名称 main；并在该层里面创建了 3 个层，ID 名称分别为 d1、d2 和 d3，其 CSS 样式声明如下，效果如图 4-27 所示。

```
div{ border:1px #000000 dashed; width:80px; height:80px;
margin-bottom:5px;}
/*定义所有 div 的边框为 1px 黑色虚线，高度和宽度为 80px，下外边距为 5px*/
#main{border:1px #000000 dashed; padding:5px; width:200px; height:300px;}
/*定义外层 main 的边框为 1px 黑色虚线，高度 300px、宽度 200px；内边距 5px*/
```

给 d1 层加上右浮动效果后，如图 4-28 所示，添加的 CSS 样式声明如下：

```
#d1{ float:right;}/*设置 d1 层向右浮动*/
```

从效果图可以看出，设置 d1 层(即"层 1")为右浮动后，d1 脱离了标准文档流往右浮动，直到遇到页面的右边界停止浮动；而 d1 原来在标准文档流中的空间就被空出来了，从而在标准文档流中的 d2 层(即"层 2")自动填补了这个空间，上移到了原本 d1 层(即"层 1")的位置，而 d3 层(即"层 3")也自动填补到了 d2 层(即"层 2")原来的空间。

修改样式为 3 个层向左浮动，效果如图 4-29 所示，CSS 样式浮动代码声明如下：

```
#d1,#d2,#d3{ float:left;}/*设置 3 个层均向左浮动*/
```

根据水平方向浮动的原理，如果向左浮动的层被放置在父容器的左上角，并且其后跟随一个同向左浮动的层，该浮动层会被放置在父容器右上角，然后移动到左侧，边界延伸到第一个左浮动层的右侧时停止。

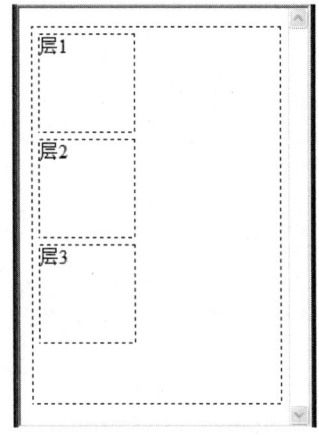
图 4-27 不浮动效果

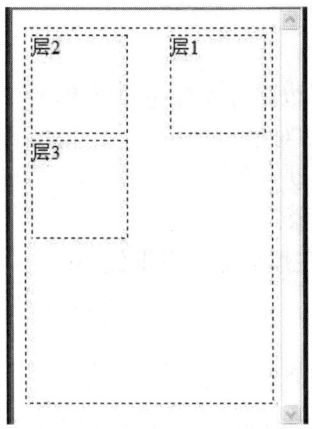
图 4-28 d1 层右浮动效果

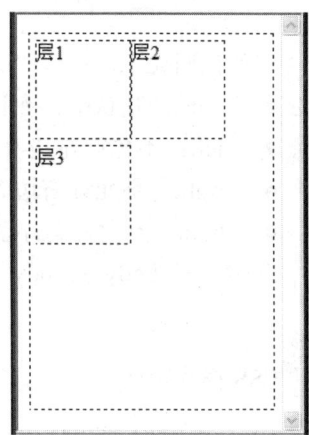
图 4-29 三个层左浮动效果

从图 4-30 可以看出,d1 层(即"层 1")向左浮动直到移动到外层 main 的左上角;d2 层(即"层 2")根据水平移动原理,先移到父元素层 main 的右上角,再向左移动到第一个左浮动层 d1 的右侧为止;d3 层(即"层 3")由于层 main 的宽度不够,无法上移到其右上角,只能移动到第 2 行的最右边再向左移动,就停留在了第 2 行的最左边。

在上例中,如果要将 3 个层都向左浮动到同一行,则必须保证其容器的宽度要足够容纳这 3 个层实际宽度(按照盒子模型理论计算实际宽度),否则就会像上例中一样,d3 层(即"层 3")由于无法挤到第 1 行而被迫换行。下面对 CSS 样式中的层 main 的宽度重新调整,代码如下:

```
#main{border:1px #000000 dashed; padding:5px; width:300px; height:300px;}
/*定义外层 main 的边框为 1px 黑色虚线,高度 300px、宽度 300px;内边距 5px*/
```

调整了父容器 main 的宽度后,最终 3 个层左浮动的效果如图 4-30 所示。

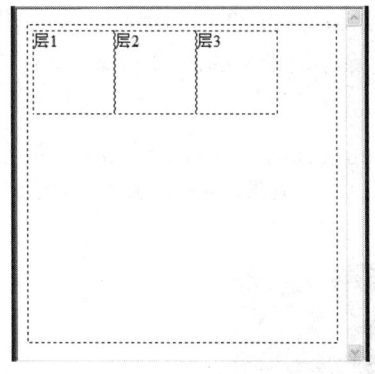
图 4-30 3 个层左浮动效果(父容器宽度大于 3 个层的总宽度)

3) 浮动的清除

在页面布局中如果有元素使用了浮动,页面中其他元素可能会受到浮动影响,导致位置发生变化或错位。要想消除浮动元素带来的影响,就需要在不想被浮动影响的元素的 CSS 样式中使用 clear 属性来清除浮动。clear 语法格式如下:

```
clear : none | left | right | both
```

取值说明如下。

● none：默认值，允许两边都可以有浮动对象。

● left：不允许左边有浮动对象。

● right：不允许右边有浮动对象。

● both：不允许有浮动对象。

例如，在<body></body>标签里面输入以下代码：

```
<div id="d1">层 1</div><div id="d2">层 2</div><div id="d3">层 3</div>
```

CSS 样式声明如下，对应的页面效果如图 4-31 所示。

```
#d1{ width:100px; height:100px; float:left; background-color:#00f; }
/*设置 d1 层高度和宽度为 100px，背景色蓝色，向左浮动*/
#d2{ width:100px; height:100px; float:left; background-color:#0f0; }
/*设置 d2 层高度和宽度为 100px，背景色绿色，向左浮动*/
#d3{ width:200px; height:100px; background-color:#f00;}
/*设置 d3 层高度和宽度为 100px，背景色红色*/
```

图 4-31　清除浮动前效果

图 4-31 中，d3 层(即"层 3")未使用浮动，想要放在第 2 行 d1 层(即"层 1")和 d2 层(即"层 2")的下方。但是由于 d1 层和 d2 层的浮动，导致 d3 层被提到第 1 行去了，没有达到预期的布局效果。为了消除浮动带来的影响，修改 d3 层的 CSS 样式如下，对应的页面效果如图 4-32 所示。

```
#d3{ width:200px; height:100px; background-color:#f00; clear:left;}
/*设置 d3 层高度和宽度为 100px，背景色红色，清除左边的浮动影响*/
```

图 4-32　清除浮动后效果图

提示：　清除 d3 层左边的浮动的含义就是不允许 d3 层左边有浮动对象，由于第 1 行左边已经有两个浮动对象了，所以 d3 层只能放在第 2 行，从而达到布局要求。此外，使用样式"clear:both"也可以达到同样的效果。

2. Div 的定位

在 CSS 中的定位有几种方法，具体使用哪种定位方式可是通过 position 属性来确定，其语法说明如下：

```
position : static | absolute | fixed | relative
```

取值说明如下。

- static：静态，默认值，无特殊定位，对象遵循 HTML 定位规则。
- absolute：绝对定位，将对象从文档流中拖出，使用 left、right、top、bottom 等属性相对于其最近有定位设置的一个父对象进行绝对定位。如果不存在这样的父对象，则依据 body 对象，而其层叠通过 z-index 属性定义。
- fixed：固定，对象定位遵从绝对(absolute)方式，但是要遵守一些规范。
- relative：相对定位，对象不可层叠，但将依据 left、right、top、bottom 等属性在正常文档流中偏移位置。

任何元素的默认 position 的属性值均是 static，以下主要介绍最常用的 absolute(绝对)以及 relative(相对)两种定位方式的用法。

1) absolute(绝对定位)

在页面中使用绝对定位，需要满足 2 个条件。

- 设置对象 position 属性为 absolute。
- 设置对象的 left、right、top、bottom 属性实现定位。

定位时，注意需要注意以下几点。

- top、bottom、left、right 属性指对象距离父对象上、下、左、右的距离，这 4 个属性很少同时使用，通常使用两个属性即可完成定位：水平方向由 left、right 决定，选择其一即可；垂直方向由 top、bottom 决定，选择其一即可。
- 如果对象的父对象没有设置定位属性，即还是遵循 HTML 定位规则，依据 body 对象左上角作为参考进行定位。
- 绝对定位时，对象是可层叠的，层叠顺序可通过 z-index 属性控制。z-index 值为无单位的整数，大的在最上面，可以有负值。

例如，在\<body\>\</body\>标签里面输入以下代码：

```
<div id="d1">层 1</div><div id="d2">层 2</div><div id="d3">层 3</div>
```

CSS 样式声明如下，对应的页面效果如图 4-33 所示：

```
div{ width:80px; height:80px; }/*设置所有层高度和宽度为 80px */
#d1{background-color:#00f; }/*设置 d1 层背景色为蓝色 */
#d2{background-color:#0f0; }/*设置 d2 层背景色为绿色 */
#d3{background-color:#f00; } /*设置 d3 层背景色为红色 */
```

通过绝对定位，让 3 个层位于浏览器左上方并且从左到右按 d1 到 d3 依次排列，修改后的 CSS 样式声明如下，效果如图 4-34 所示。

```
div{ width:80px; height:80px; position:absolute;}
/*设置所有层高度和宽度为 80px，并使用绝对定位*/
#d1{background-color:#00f; left:0px; top:0px;}
/*设置 d1 层背景色为蓝色，与浏览器左上角水平垂直距离为 0px*/
#d2{background-color:#0f0;left:80px; top:0px;}
/*设置 d2 层背景色为绿色，与浏览器左上角水平距离 80px，垂直距离 0px*/
#d3{background-color:#f00;left:160px; top:0px; }
/*设置 d3 层背景色为红色，与浏览器左上角水平距离 160px，垂直距离 0px*/
```

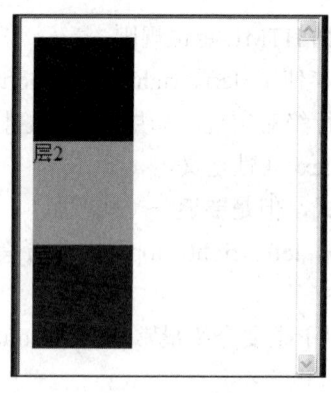

图 4-33　绝对定位前效果

图 4-34　绝对定位到左上方效果

因为 3 个层要位于浏览器最上方，所以距离浏览器的上边距 top 都设置为 0px；d1 层直接与浏览器左边界重合 left=0px；d2 层要让出 d1 层所占宽度后与其并排，所以 d2 层与浏览器左边界为 d1 层的宽度 80px，刚好跳过了 d1 层实现与其并排；依此类推，d3 层左边界 160px。如果 d2、d3 层的 left 属性值过小，就会出现 3 个层水平重叠。

通过绝对定位让 3 个层位于浏览器右下方，并且从左到右依次为 d1 到 d3，修改后的 CSS 样式声明如下，效果如图 4-35 所示。

```
div{ width:80px; height:80px; position:absolute;}
#d1{background-color:#00f; right:160px; bottom:0px;}
/*与浏览器右边界距离为 160px，下边距离为 0px*/
#d2{background-color:#0f0;right:80px; bottom:0px;}
/*与浏览器右边界距离为 80px，下边距离为 0px*/
#d3{background-color:#f00;right:0px;bottom:0px; }
/*与浏览器右边界距离为 0px，下边距离为 0px*/
```

因为 3 个层要位于浏览器的最下方，所以距离浏览器的下边界 bottom 属性都设置为 0px，与浏览器下边框重合；d3 层要位于最右边，与浏览器右边界重合，所以设置 right=0px，d2 层要位于 d3 层的左边，需要在 d2 层的右边让出 d3 层的宽度，所以 right=80px；依此类推，d1 层要在右边让出 d2、d3 层的宽度，所以 right=160px。

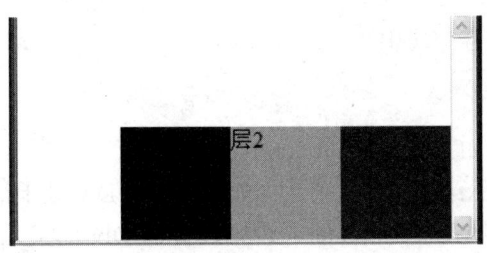

图 4-35 绝对定位到右下方效果

2) relative(相对定位)

在页面中使用相对定位，需要满足两个条件。

- 设置对象 position 属性为 relative。
- 设置对象的 left、right、top、bottom 属性实现定位。

定位时，需要注意以下几点。

- 相对定位的对象是不可以重叠的。
- 对象的 top、bottom、left、right 属性指的是在对象原本位置上向上、下、左、右四个方向的偏移量，可以为负数，负数代表反方向偏移。
- 相对定位对象并未脱离标准文档流，依然会占据原来位置，即使对象设置了偏移量空出了部分空间，其他对象也不会自动填补到该空间。

例如，图 4-35 的布局效果，使用相对定位也可以实现，CSS 样式声明如下：

```
div{ width:80px; height:80px; position: relative;}
/*设置所有层高度和宽度均为80px，定位方式为相对定位 */
#d1{background-color:#00f;}
#d2{background-color:#0f0;left:80px; top:-80px;}
/*设置d2层距离它原来位置的左边距为80px，上边距为-80px*/
#d3{background-color:#f00;left:160px; top:-160px;}
/*设置d3层距离它原来位置的左边距为160px，上边距为-160px*/
```

偏移量 top 的含义取正值是让对象向下偏移，移动后的对象上边界与对象移动前的上边界的距离即为 top 的取值；top 为负值则是反向移动，对象向上偏移，移动后的对象上边界与移动前的上边界的距离为负值的绝对值。把上例中的样式"top:-80px"改为"bottom:80px""top:-160px"改为"bottom:160px"，效果是一样的。

在页面布局的实际操作中，经常把绝对定位和相对定位两种方式配合使用，以绝对定位为主，相对定位为辅，实现页面的综合布局。

4.4 常用布局方式

前面介绍了页面布局使用的各种技术手段，接下来对常用的一些布局方式及技巧做一个简单的介绍。

4.4.1 居中布局

居中布局是页面布局中经常要面对的问题。"居中"有两种含义：一种是页面布局中

Div 的居中，另一种是内容的居中。

1. Div 的居中

Div 的居中操作要点如下。

- 设置父容器的 text-align 属性值为 center。如果 Div 处于最外层，则设置<body>标签的 text-align 属性值为 center，否则设置该 Div 的父元素的 text-align 属性值为 center。这一操作是为了兼容不同的浏览器而设的。
- 设置 Div 的 margin-left 和 margin-right 属性值为 auto。也就是设置要居中的 Div 的左右外边距自动分配，这样浏览器会自动计算后平均分配左右外边距，这样 Div 自然就居中了。

例如，在<body></body>标签里面输入以下代码：

```
<div>我是一个居中的层</div>
```

CSS 样式声明如下，对应的页面效果如图 4-36 所示：

```
*{ margin:0px; padding:0px} /*清除所有元素的内外边距*/
body{ text-align:center;} /*设置body标签内元素水平居中*/
div{width:200px; height:100px; background-color:#00f;margin-left:auto;
margin-right:auto;}
/*设置 Div 的高度 100px、宽度 200px、背景色蓝色、左右外边距为自动 */
```

图 4-36　Div 页面整体居中效果

提示：　样式"margin-left:auto; margin-right:auto"，也可以简写为"margin:0 auto"。

2. 内容居中

1) 水平居中

在容器的样式定义中，使用"text-align:center"可以实现对容器内元素的水平居中。

2) 垂直居中

在需要垂直居中的页面元素的样式中，使用 line-height 设置行高，使其与元素所在容器的内容区域高度一致，则元素在容器中即可实现垂直居中。

例如，在<body></body>标签里面输入以下代码：

```
<div><p>水平垂直居中</p></div>
```

CSS 样式声明如下，对应的页面效果如图 4-37 所示：

```
*{ margin:0px; padding:0px} /*清除所有元素的内外边距*/
div{ width:300px; height:60px; background-color:#0f0;text-align:center;
padding:20px;}
```

```
/*设置层的高度 300px、宽度 60px、背景色绿色、内容水平居中、内边距 20px*/
p{letter-spacing:20px; line-height:60px; border:1px solid #000;
background-color:#f00;}
/*设置段落的字间距 20px、行高 60px、边框 1px 黑色实线、背景色红色*/
```

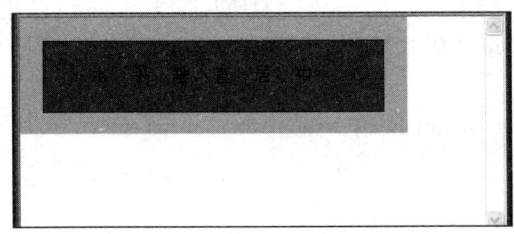

图 4-37　页面内容居中效果

提示： 容器的内容高度实际上就是容器的 height 属性所设高度。使用 padding 和 border 的简写属性，可以一次性设置 4 个方向的内边距和边框样式。

4.4.2　固定宽度布局

所谓固定宽度布局，是指页面的宽度设置为一个固定数值，这样页面宽度不会随用户调整浏览器窗口大小而变化。一般将页面宽度设置为 900～1100 像素宽(最常见的是 960 像素)。

下面以目前比较常用的三栏固定宽度布局为例介绍固定宽度布局的用法。三栏布局的结构示意如图 4-38 所示，页面效果如图 4-39 所示。

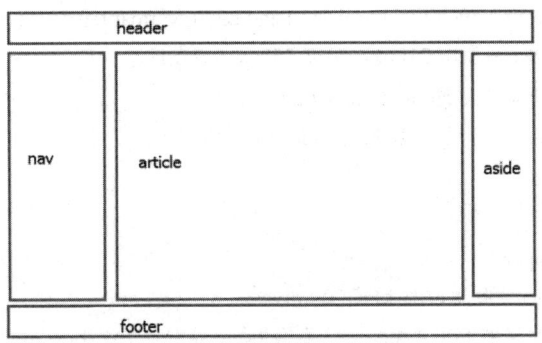

图 4-38　三栏固定宽度布局示意

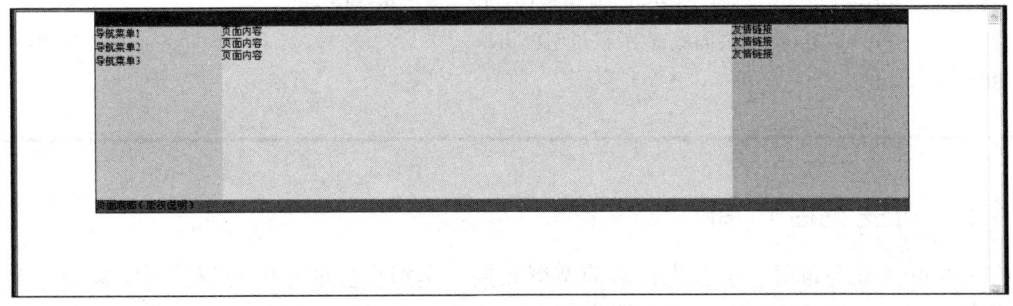

图 4-39　三栏固定宽度布局页面效果

以上效果对应的页面源代码如表 4-3 所示。

<p align="center">表4-3　固定宽度布局页面源代码</p>

序　号	HTML 代码
1	<!DOCTYPE html PUBLIC "-//W3C//DTD XHTML 1.0
2	Transitional//EN"
3	"http://www.w3.org/TR/xhtml1/DTD/xhtml1-transitional.dtd">
4	<html>
5	<head>
6	<meta http-equiv="Content-Type" content="text/html; charset=utf-8" />
7	<title>固定宽度布局</title>
8	<style>
9	* { margin: 0; padding: 0; font-size:9pt;}
10	/*清空页面的内外边距，并设置默认字体大小为 9pt*/
11	#wrapper{　width: 960px; margin: 0 auto;border:1px solid #000;　}
12	/*宽度为 960px，整体页面居中，边框为 1px 实线黑色*/
13	#header{background:#f00;}/*设置背景色为红色*/
14	#nav{background:#dcd9c0;width:150px; height:200px;float:left; }
15	/*背景色为#dcd9c0，宽度 150px，高度 200px，靠左浮动*/
16	#article{background:#ffed53; width:600px; height:200px;float:left;}
17	/*背景色为#ffed53，宽度 600px，高度 200px，靠左浮动*/
18	#aside{background:#9CF; width:210px;height:200px; float:left;}
19	/*背景色为#9CF，宽度 210px，高度 200px，靠左浮动*/
20	#footer{clear:both;background:#6a6b6c;}
21	/*清除所有方向的浮动，背景色为#6a6b6c*/
22	</style></head>
23	<body>
24	<div id="wrapper">
25	<div id="header">页面顶部(LOGO)</div>
26	<div id="nav">导航菜单 1 导航菜单 2 导航菜单 3 </div>
27	<div id="article">页面内容 页面内容 页面内容 </div>
28	<div id="aside">友情链接 友情链接 友情链接 </div>
29	<div id="footer">页面底部(版权说明)</div>
30	</div>
31	</body></html>

4.4.3　可变宽度布局

所谓可变宽度布局，也称为自适应宽度布局，是指页面的宽度会随着浏览器的宽度变化而变化，一般是通过把宽度值设置为百分比以及使用属性 margin(外边距)来实现。

同样以三栏布局为例，三栏布局自适应宽度的实现思路是左右宽度固定，中间一列随浏览器窗口变化宽度。在浏览器宽度大和宽度小两种环境下的页面效果，如图 4-40 和图 4-41所示。

图 4-40　三栏可变宽度布局(浏览器宽度较大时)页面效果

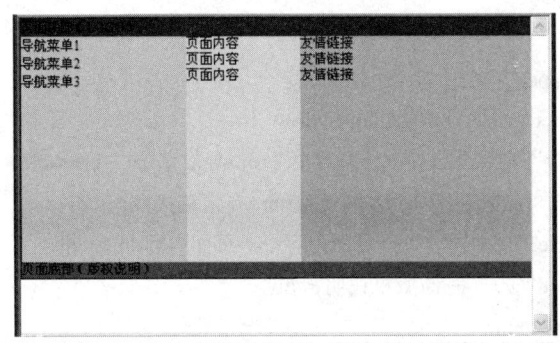

图 4-41　三栏可变宽度布局(浏览器宽度较小时)页面效果

以上效果对应的页面源代码如表 4-4 所示。

表 4-4　可变宽度布局页面源代码

序　号	HTML 代码
1	<!DOCTYPE html PUBLIC "-//W3C//DTD XHTML 1.0
2	Transitional//EN"
3	"http://www.w3.org/TR/xhtml1/DTD/xhtml1-transitional.dtd">
4	<html>
5	<head>
6	<meta http-equiv="Content-Type" content="text/html; charset=utf-8" />
7	<title>可变宽度布局</title>
8	<style>
9	* { margin: 0; padding: 0; font-size:9pt;}
10	/*清空页面的内外边距，并设置默认字体大小为9pt*/
11	#wrapper{ width:100%;border:1px solid #000; }
12	/*宽度为100%，边框为1px实线黑色*/
13	#header{background:#f00;}/*设置背景色为红色*/
14	#nav{background:#dcd9c0;width:150px; height:200px;float:left; }

序 号	HTML 代码
15	/*背景色为#dcd9c0，宽度 150px，高度 200px，靠左浮动*/
16	#aside{background:#9CF; width:210px;height:200px; float:right;}
17	/*背景色为#9CF，宽度 210px，高度 200px，靠右浮动*/
18	#article{background:#ffed53; height:200px; margin-left:150px;
19	margin-right:210px;}
20	/*背景色为#ffed53，高度 200px，左外边距 150px，右外边距 210px*/
21	#footer{clear:both;background:#6a6b6c;}
22	/*清除所有方向的浮动，背景色为#6a6b6c*/
23	</style></head>
24	<body>
25	<div id="wrapper">
26	<div id="header">页面顶部(LOGO)</div>
27	<div id="nav">导航菜单 1 导航菜单 2 导航菜单 3 </div>
28	<div id="aside">友情链接 友情链接 友情链接 </div>
29	<div id="article">页面内容 页面内容 页面内容 </div>
30	<div id="footer">页面底部(版权说明)</div>
31	</div></body></html>

在 body 页面内容部分，注意 nav、aside、article 三个层的先后顺序：首先，居中的 article 层必须放在居左右的两个层 nav、aside 的后面；其次，中间层 article 由于是自适应浏览器窗口宽度，所以在样式中不需要为其设置宽度；最后，自适应层 article 的位置在左右两个层的中间，所以其左右外边距 margin-left 和 margin-right 要设置为左右两个层的宽度，以免覆盖左右层。宽度设置为 100%，是指其宽度与父容器宽度等宽；若没有父元素，则是与浏览器宽度等宽。

4.5 实例演示

4.5.1 实例情景——制作在线作业系统首页

本节设计制作一个在线作业系统的首页页面，要求采用 Div+CSS 技术实现页面的定位布局和适当的美化。

4.5.2 实例效果

在线作业系统网页预览效果如图 4-42 所示。

图 4-42 在线作业系统首页效果图

4.5.3 实现方案

1. 操作思路

准备好图片素材，利用 Div 层装载页面内容、CSS 样式表进行定位布局和相应的页面美化过程。

2. 操作步骤

(1) 新建页面保存在本地站点，命名为 zuoye.html。

(2) 在网页 zuoye.html 中，新建 1 个 Div 层，用来装载整个页面内容，命名 ID 名称为 zhuye。

(3) 在 zhuye 层中，再新建 3 个 Div 层，分别用来装载页面的标题 Logo 部分、页面主体部分、页脚部分，ID 名称依次命名为 logo、main、bottom。

(4) 在 main 层中，新建 2 个 div 层，分别用来装载左侧的表单部分和右侧的新闻列表部分，ID 名称依次命名为 left、right。

(5) 在 left 层中，新建 2 个 div 层，分别用来装载上方的用户登录区域和下方的投票区域，ID 名称依次命名为 left_s、left_x。

(6) 在 right 层中，新建 2 个 div 层，分别用来装载上方的跑马灯部分和下方的新闻列表部分，ID 名称依次命名为 right_s、right_x，最终效果如图 4-43 所示(注意，图中每个 Div 层里面的名称只为方便读者查看对照，实际开发时需要清除)。

(7) 新建 CSS 样式表，命名为 style1.css，并在页面 zuoye.html 中引入该样式表。

(8) 在样式表 style1.css 中，定义 CSS 样式，使整个页面在居中显示，并分别设置每个 Div 层的高度和宽度，且定位到对应的位置。定位 Div 层的样式代码如表 4-5 所示，定位效果如图 4-44 所示。

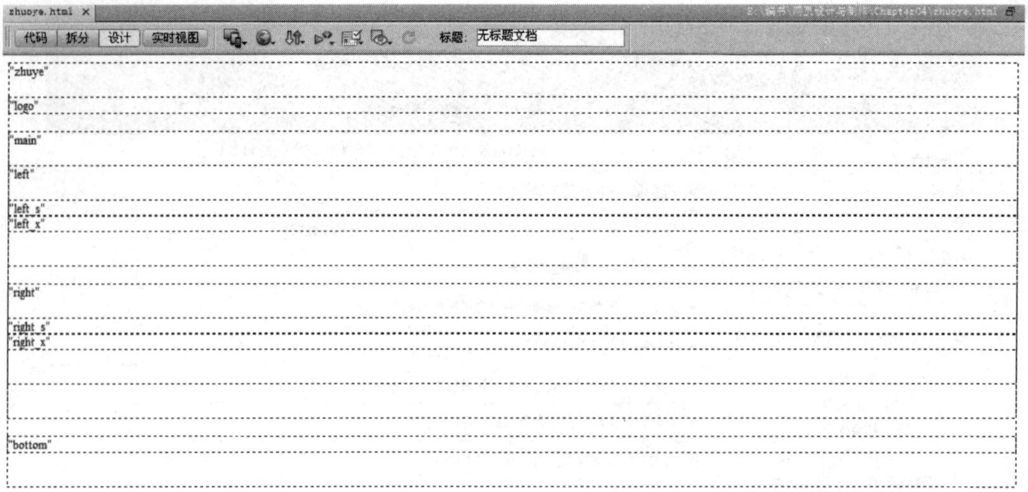

图 4-43　div 层创建完成后的效果图

表 4-5　css 定位样式源代码

序　号	HTML 代码
1	body{ text-align:center;}/*设置页面主体部分内容居中*/
2	#zhuye{width:778px;margin:0 auto; text-align:left;}
3	/*设置宽度 778px，整体基于父容器居中，默认对齐方式左对齐*/
4	#logo{height:111px; width:100%;} /*设置高度 111px，宽度 100%*/
5	#main{ width:100%; height:300px; }/*设置高度 300px，宽度 100%*/
6	#left{width:213px; height:300px; float:left; }
7	/*设置高度 300px，宽度 213px，左浮动*/
8	#left_s{ width:213px; height:140px;} /*设置高度 140px，宽度 213px*/
9	#left_x{ width:213px; height:160px;} /*设置高度 160px，宽度 213px*/
10	#right{width:565px; height: 300px; float:left;}
11	/*设置高度 300px，宽度 565px，左浮动*/
12	#right_s{ width:100%; height:25px;} /*设置高度 25px，宽度 100%*/
13	#right_x{ width:100%; height:275px;} /*设置高度 275px，宽度 100%*/
14	#bottom{ clear:both; width:778px; height:40px;}
15	/*清除所有方向的浮动，设置高度 40px，宽度 778px*/

　　(9) 把各个页面元素对照最终页面，依次填充到相应的 Div 层里面，源代码如表 4-6 所示，预览效果如图 4-44 所示。

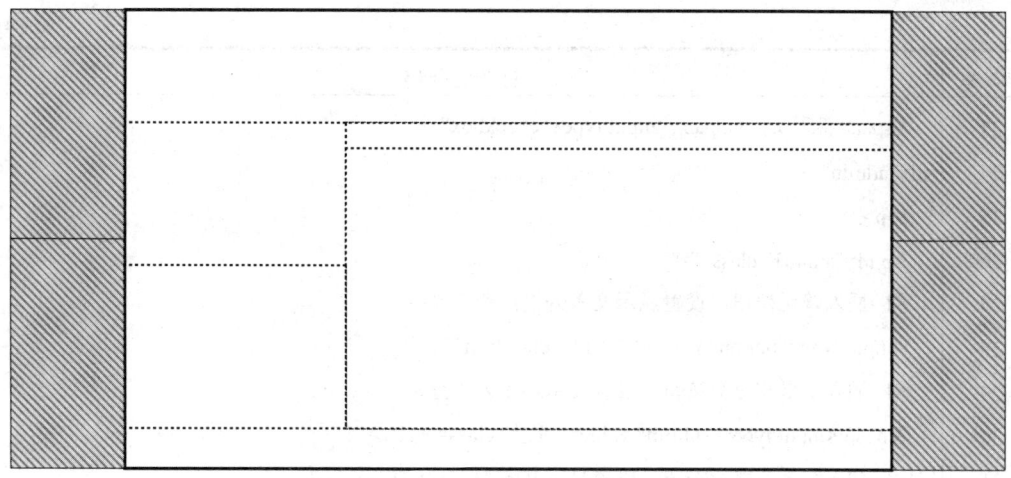

图 4-44　div 层定位完成后的效果图

表 4-6　页面填充内容后的 body 部分代码

序　号	HTML 代码
1	`<div id="zhuye">`
2	`<div id="logo">`
3	`<!--插入图片，设置宽度 778px，高度 111px-->`
4	`<img src="images/binner.png" width="778" height="111" />`
5	`</div>`
6	`<div id="main">`
7	`<div id="left">`
8	`<div id="left_s">`
9	`<!--插入图片，设置宽度 213px，高度 26px-->`
10	`<img src="images/regsit.gif" width="213" height="26" />`
11	`<p class="s">`
12	`<!--插入提示文本和文本输入框-->`
13	`<span>用户名：</span><input id="user"type="text"`
14	`class="txt"/>`
15	`</p>`
16	`<p class="s">`
17	`<!--插入提示文本和密码输入框-->`
18	`<span id="mi">密</span>码：<input id="pwd"`
19	`type="password" class="txt"/>`
20	`</p>`
21	`<p class="s">`
22	`<!--插入提示文本和复选框-->`

序　号	HTML 代码
23	`<span>管理员：</span><input type="checkbox"`
24	`id="admin"/>`
25	`</p>`
26	`<p id="anniu1" class="s">`
27	`<!--插入普通按钮，设置显示文本为"注册"-->`
28	`<input type="button" value="注册"　class="bt1"/ >`
29	`<!--插入空格和提交按钮，设置显示文本为"登录"-->`
30	` <input type="submit" value="登录" class="bt1"/>`
31	`<!--插入空格和普通按钮，设置显示文本为"忘记密码"`
32	`-->`
33	`  <input type="button" value="忘记密码"`
34	`class="bt1"/>`
35	`</p></div>`
36	`<div id="left_x">`
37	`<p id="wenben" class="x"><span class="org" >您认为在线`
38	`作业系统哪个方面需要改进?</span></p>`
39	`<!--插入一组单选按钮-->`
40	`<p class="x"><input type="radio"`
41	`class="rd"/> <span>页面设计</span></p>`
42	`<p class="x"><input type="radio"`
43	`class="rd"/> <span>作业流程</span></p>`
44	`<p class="x"><input type="radio"`
45	`class="rd"/> <span>功能模块</span></p>`
46	`<p class="x"><input type="radio"`
47	`class="rd"/> <span>操作方式</span></p>`
48	`<p id="anniu2" class="x" >`
49	`<!--插入提交按钮，设置显示文本为"我要投票"-->`
50	`<input type="submit"　value="我要投票" class="bt2" />`
51	`<!--插入空格和普通按钮，设置显示文本为"查看结果"`
52	`-->`
53	` <input type="button"　value="查看结果"`
54	`class="bt2"/>`
55	`</p></div></div>`
56	`<div id="right"><div id="right_s">`

续表

序 号	HTML 代码
57	<!--插入"走马灯"-->
58	<marquee class="org" behavior="scroll" direction="left"
59	bgcolor="#FFFFFF" width="536" hspace="1" vspace="1"
60	scrollamount="5" scrolldelay="0" class="yellow02">欢迎您访
61	问在线作业系统！在这里您可以收获很多！</marquee></div>
62	<div id="right_x">
63	<!--插入无序列表-->
64	<ul><li><a href="#">网页设计与制作登录本平台！
65	</a></li>
66	<li><a href="#" >祝贺 SQL Server 数据库技术及应用成为
67	国家级十二五规划教材！</a></li>
68	<li><a href="#" >Java 程序设计课程登录本平台！</a></li>
69	<li><a href="#">关于 2014 年春季学期期末考试考风考纪
70	问题！</a></li>
71	<li><a href="#" >2014 年出台的考试制度！</a></li>
72	<li><a href="#" >2014 年关于各专业的考试形式将有所变
73	动，请各师生注意！</a></li>
74	<li><a href="#" >从即日起，网站浏览者可以进行在线投
75	票！</a></li>
76	<li><a href="#">数据库应用课程又上传了新内容！
77	</a></li>
78	<li id="bd"><a href="#" >作业系统即将投入使用！
79	</a></li></ul>
80	</div></div></div>
81	<div id="bottom">重庆航天职业技术学院计算机工程系
82	2013 © 版权所有</div></div>

(10) 在样式表 style1.css 中，按照网页最终预览效果图(见图 4-45)，进一步定义 CSS 样式对页面进行美化，主要操作包括以下方面。

- 清除整个页面的内外边距。
- 设置各部分文字的大小、颜色、粗细、对齐方式。
- 设置超链接的文字样式。
- 设置每个列表项的下边框效果。
- 设置各个元素之间的上、下、左、右的间距。
- 设置表单元素的样式及位置。
- 设置容器的内外边距以及边框线格式。

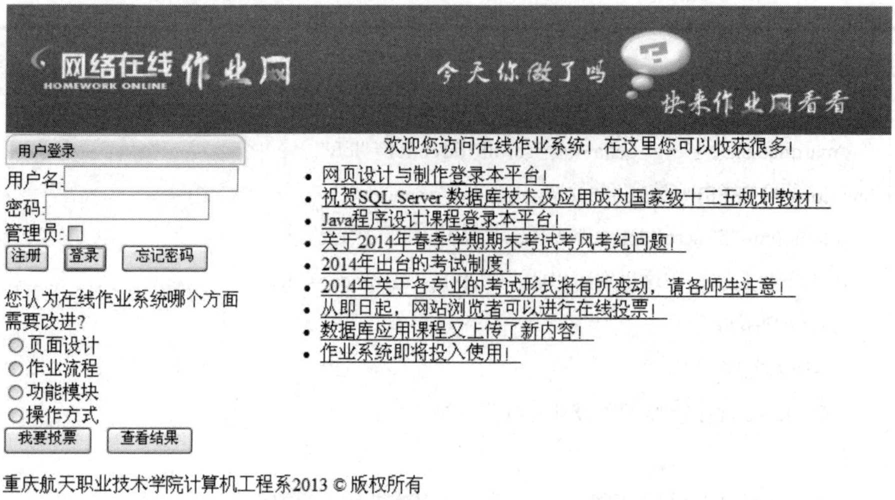

图 4-45　页面完成内容填充后的效果图

CSS 样式表参考代码如表 4-7 所示。

表 4-7　CSS 最终样式代码

序　号	CSS 代码
1	@charset "utf-8";
2	*{ margin:0; padding:0; font-size:9pt; text-decoration:none;
3	color:#000;}
4	/*清除所有的内外边距，默认文字大小 9pt，清除文本修饰效
5	果，文本颜色默认黑色*/
6	body{text-align:center;}/*设置页面内容居中对齐*/
7	#zhuye{width:778px;margin:0 auto;text-align:left;}
8	/*宽度 778px，整体居中，内容靠左对齐*/
9	#logo{height:111px;width:100%;margin-bottom:5px;}
10	/*高度 111px，宽度 100%(与 zhuye 层等宽)，下外边距 5px*/
11	#main{height:300px; width:100%; margin-bottom:3px;}
12	/*高度 300px，宽度 100%(与 zhuye 层等宽)，下外边距 3px*/
13	#left{height:300px; width:213px; float:left; margin-right:20px;}
14	/*高度 300px，宽度 213px，左浮动，右外边距 20px*/
15	#left_s{ width:211px; height:140px;}
16	/*高度 140px，宽度 211px*/
17	#left_x{ width:211px; height:160px;}
18	/*高度 160px，宽度 211px*/
19	#right{width:545px; height:300px; float:left;}

序 号	CSS 代码
20	/*高度 300px，宽度 545px，左浮动*/
21	#right_s{ width:100%; height:25px;}
22	/*高度 25px，宽度 100%(与 right 层等宽)*/
23	#right_x{ width:100%; height:275px;}
24	/*高度 275px，宽度 100%(与 right 层等宽)*/
25	#bottom{clear:both;height:40px; width:100%; margin-top:10px;
26	padding-top:20px;border-top:2px solid #cccccc; text-align:center;}
27	/*清除浮动，高度 40px，宽度 100%(与 zhuye 层等宽)，上外
28	边距 10px，上内边距 20px，边框 2px 灰色实线，内容居中对齐*/
29	a:hover{color:#E56B04;}
30	/*鼠标放在超链接上时文本颜色为橘黄色*/
31	.org{color:#E56B04; font-weight:bold;}
32	/*文字颜色为橘黄色，加粗显示*/
33	ul{ list-style-position:inside;}
34	/*列表项目符号标记位于文本内*/
35	#mi{ margin-right:9pt;}/*右外边距 9pt*/
36	.txt{ width:120px;border: 1px solid #999999;}
37	/*宽度 120px，边框为 1px 灰色实线*/
38	.s{ line-height:26px; padding-left:10px; border-left:1px solid
39	#cccccc; border-right:1px solid #cccccc;}
40	/*行高 26px，左内边距 10px，左右边框线为 1px 灰色实线*/
41	.x{line-height:20px;padding-left:10px; border-left:1px solid
42	#cccccc; border-right:1px solid #cccccc;}
43	/*行高 20px，左内边距 10px，左右边框线为 1px 灰色实线*/
44	#anniu1{ line-height:35px;border-bottom:1px solid #cccccc;
45	text-align:center;}
46	/*行高 35px，下边框线 1px 灰色实线，内容水平居中对齐*/
47	#admin{ border: 1px solid #999999; }
48	/*边框线为 1px 灰色实线*/
49	#wenben{ line-height:15px; padding-top:10px;}
50	/*行高 15px，上内边距 10px*/
51	.rd{ margin-left:50px;}/*左外边距 50px*/
52	#anniu2{ line-height:40px;border-bottom:1px solid #cccccc;
53	text-align:center;}

续表

序 号	CSS 代码
54	/*行高 40px，下边框线 1px 灰色实线，内容水平居中对齐*/
55	ul{ width:100%;}/*宽度 100%(与 right_x 层等宽)*/
56	ul li{ border-bottom:1px dotted #000000;
57	padding-bottom:5px; padding-top:5px; line-height:20px; }
58	/*列表项的下边框线为 1px 黑色点线，上下内边距 5px，行
59	高 20px*/
60	#bd{ border-bottom:0px dotted #000000;}
61	/*设置无下边框线*/

　　在处理页面元素的边框、内外边距等内容时，一定要严格参照盒子模型进行精确计算后，正确给出新增的各个页面元素的所占空间大小，还要对每个 Div 层原有的高度、宽度进行微调，以达到最终的预览效果，否则 1 个像素之差就可能导致 Div 层的错位甚至被挤到下一行。读者可以对比一下表 4-5 和表 4-7 中各个盒子尺寸的变化。

4.6　任 务 训 练

4.6.1　训练目的

　　(1)　练习在网页中插入 Div 层对象。
　　(2)　练习在网页中定义并应用 CSS 样式表。
　　(3)　练习在网页中使用 Div+CSS 技术进行定位布局。
　　(4)　练习使用 Div+CSS 技术完成简单页面的制作和美化。

4.6.2　训练内容

　　(1)　层的定位，利用 Div 层和 CSS 样式，分别用浮动、绝对定位和相对定位 3 种方法完成同一个页面的制作，预览效果如图 4-46 所示。

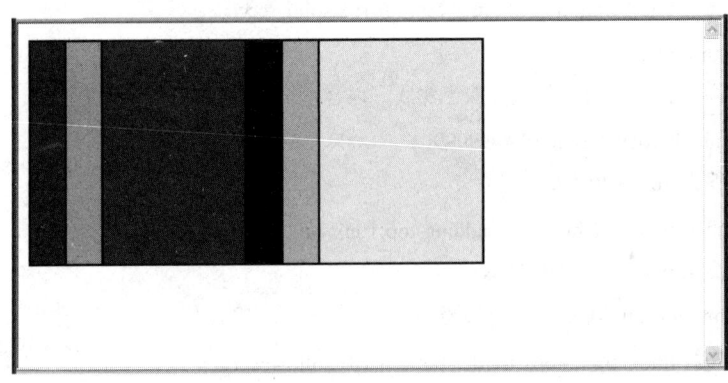

图 4-46　层的定位效果图

(2) 文本美化，利用 Div 层和 CSS 样式完成网页的制作，预览效果如图 4-47 所示。

图 4-47　文本美化效果图

(3) 页面制作，利用 Div 层和 CSS 样式完成网页的制作，预览效果如图 4-48 所示。

图 4-48　页面制作效果图

4.7　知　识　拓　展

1. <div>标签与<span>标签的区别是什么？

答：<span>标签是行内元素，两个相邻的 span 在一起不会换行。<div>是块级元素，浏览器通常会在 Div 元素前后放置一个换行符，两个相邻的 Div 在一起就会换行。Div 一般应用于排版，而 span 一般是控制局部文字的样式效果。

2. 表格布局与 Div+CSS 布局的区别是什么？

答：表格属于结构叠加结构控制布局，而 Div+CSS 是基于结构控制布局。Table 的布局直观、简单、容易上手，在不同的浏览器中都能得到很好的兼容；而 CSS 可观性比较差，要兼容多个浏览器，调整 CSS 是很困难的。但是如果网站有布局变化的需要时，Table 的布局就要重新设计；Div 就不同了，可以把大部分更新内容写在 CSS 里，页面的布局和改动不会太大。此外，Table 布局相对 Div，代码就会显得比较多一些，因此会造成网页打开速度慢的状况。

单 元 测 试

1. CSS 是利用(　　)XHTML 标记构建网页布局。

    A. <dir>　　　　　　B. <div>　　　　　　C. <dis>　　　　　　D. <dif>

2. 下列属性中，能够设置盒子模型的左侧外补丁的是(　　)。

    A. margin　　　　　B. indent　　　　　C. margin-left　　　D. text-indent

3. 去掉文本超级链接的下划线的方法是(　　)。

    A. a {text-decoration:no underline}　　　B. a {underline:none}

    C. a {decoration:no underline}　　　　　D. a {text-decoration:none}

4. 给所有的<h1>标签添加背景颜色的方法是(　　)。

    A. .h1 {background-color:#FFFFFF}　　　B. h1 {background-color:#FFFFFF;}

    C. h1.all {background-color:#FFFFFF}　　D. #h1 {background-color:#FFFFFF}

5. 下列代码中，能够定义所有 p 标签内文字加粗的是(　　)。

    A. <p style="text-size:bold">　　　　　B. <p style="font-size:bold">

    C. p {text-size:bold}　　　　　　　　D. p {font-weight:bold}

6. 同一个 HTML 元素被不止一个样式定义时，会使用的样式是(　　)。

    A. 浏览器默认设置　　　　　　　　　B. 外部样式表

    C. 内部样式表(位于<head>标签内部)　　D. 内联样式(在 HTML 元素内部)

7. 下列选项中，不属于 CSS 文本属性的是(　　)。

    A. font-size　　　　B. color　　　　　C. text-align　　　D. list-style

8. 下列选项中，不是超级链接伪类的是(　　)。

    A. a:hover　　　　　B. a :link　　　　　C. a:active　　　　D. a:span

9. 在下列 HTML 中，正确引用外部样式表方法的是(　　)。

    A. <link rel="stylesheet" type="text/css" href="mystyle.css">

    B. <link rel="stylesheet" type="text/css" src="mystyle.css">

    C. <link rel="stylesheet" type="text/css" dir="mystyle.css">

    D. <link rel="stylesheet" type="text/css" type="mystyle.css">

10. CSS 的全称是 (　　)。

    A. Cascading Sheet Style　　　　　　B. Cascading System Sheet

    C. Cascading Style Sheet　　　　　　D. Cascading Style System

第5章 认识表单

技能目标：

● 能够在网页中插入表单及表单对象
● 能够进行表单元素属性的设置
● 能够运用表单及表单对象制作网页

一个网站不仅可以使用户方便浏览网页，还可以提供人机对话。表单实现了浏览器与服务器之间的消息传递，利用表单程序，可以收集、分析、处理用户数据，实现人机对话过程。

5.1 创建表单

表单在网页中主要负责数据采集，用户可以通过浏览器向服务器端提交信息，用户注册、在线调查表、留言板等都是表单的具体应用形式。

5.1.1 表单概述

表单(form)是用户与服务器进行信息交流的一种交互界面，一般由两部分组成：一是包含用来收集信息的表单对象，如表单、文本字段、复选框、单选按钮、列表菜单等；二是包含对表单内容进行处理的应用程序，可以基于客户端，也可以基于服务器，通过它实现对用户信息的处理。效果如图 5-1 所示。

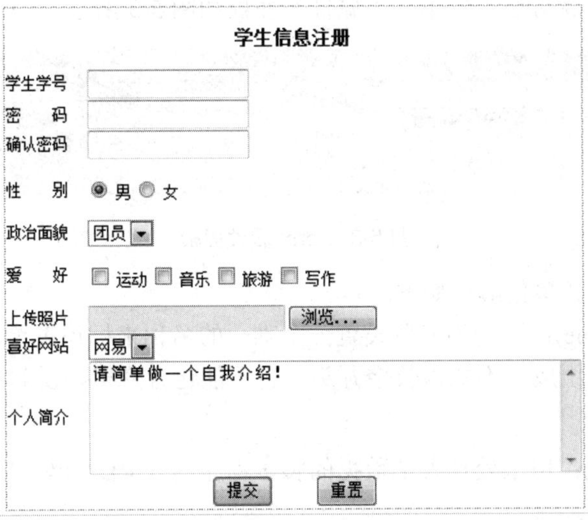

图 5-1 学生信息注册表单预览效果图

提示： 学生信息注册表单可先利用表格布局完成此界面的文字效果。表格宽度 450px，10 行 2 列。

5.1.2 插入表单

表单是一个包含表单元素的区域。在"插入"面板的"表单"选项卡中单击 按钮，或者选择"插入"→"表单"→"表单"菜单命令，创建表单后，会在文档中出现一个红色的虚线框，如图 5-2 所示。

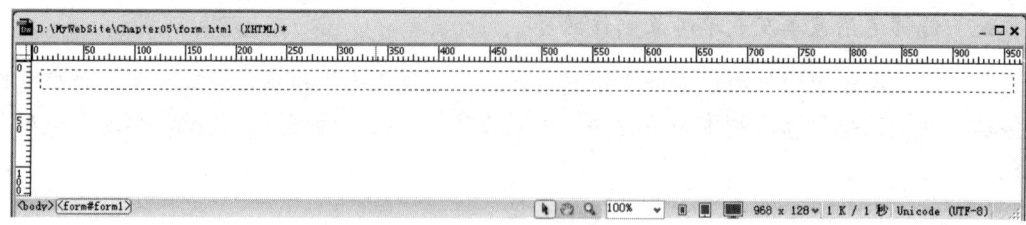

图 5-2　创建表单

表单是用标签<form></form>来定义，其语法格式如下：

```
<form id="form1" name="form1" method="post" action="">
</form>
```

提示： 在页面中如果没有看到此红色虚线框，请检查"查看"→"可视化助理"→ "不可见元素"菜单命令是否为选中状态。

5.1.3 表单属性

在文档窗口"设计"视图中，单击表单标签的红色虚线或者单击窗口左下角标签选择器中的<form>标签，就可选中表单，"属性"面板如图 5-3 所示。

图 5-3　form 属性面板

表单属性面板中各参数解释如下。

- 表单 ID(name)：用于为表单设置一个唯一的名称来标识表单。名称可由任意英文字符或数字组成，不能以数字开头，也不能包含空格、反斜线等特殊字符，默认为 form1。

- 动作(action)：用于处理表单数据的脚本程序的 URL。单击后面的 按钮，可选择脚本程序。

- 方法(method)：在客户机和服务器之间进行请求/响应时使用的方法，最常用的是 POST 和 GET。POST 方法是在 HTTP 请求中嵌入表单数据，并将其传输到服务器，适用于向服务器提交大量数据的情况，是加密传送；GET 方法是将值附加到请求的 URL 中，不能超过 8192B 的数据，是明码传送，安全性差，特别不能用于传送账号、密码、信用卡等。该属性通常默认为 POST 方法。

● 目标(target)：用于显示脚本程序返回数据浏览器窗口的打开方式。

● 编码类型(enctype)：以下拉列表的方式显示发送至服务器的数据的 MIME 编码类型，其中 application/x-www-form-urlencoded 用于选择 POST 方式传送；如果要创建文件上传域，选择 multipart/form-data。

提示：　MIME (Multipurpose Internet Mail Extensions) 是描述消息内容类型的因特网标准。MIME 消息能包含文本、图像、音频、视频以及其他应用程序专用的数据。

5.2　创建表单对象

表单对象是指一个表单上包含的多个对象，这些对象也称为控件或表单元素。表单对象可以从客户端收集信息，再传送给服务器端的程序进行处理。在 Dreamweaver CS6 中，可通过选择"插入"→"表单"子菜单命令或者在"插入"面板的"表单"选项卡中单击各表单元素按钮创建表单对象，如图 5-4 所示。

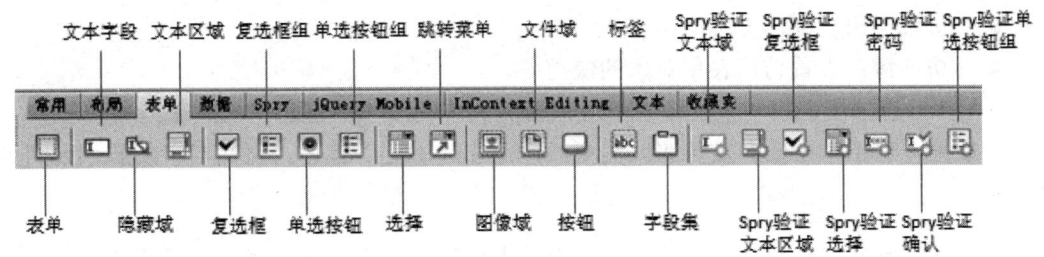

图 5-4　"表单"选项卡

在创建表单对象之前，需要先创建表单，即网页文档的"设计"视图必须出现红色虚线框。

5.2.1　文本字段

文本字段是用来接收用户输入信息的表单对象，通常被用来填写单个词或者简短的回答，如姓名、地址等。用户可创建单行文本域或多行文本域，也可为密码域。当为密码域时，在输入文本时，文本将被其他字符或星号(*)代替。

1. 创建单行文本字段或密码字段

(1) 光标定位在要插入文本字段的位置，如定位在"学生学号"右侧的单元格里。

(2) 执行以下任一操作。

● 选择"插入"→"表单"→"文本字段"菜单命令。

● 在"插入"面板的"表单"选项卡中单击"文本字段"按钮。

(3) 打开"输入标签辅助功能属性"对话框，如图 5-5 所示。

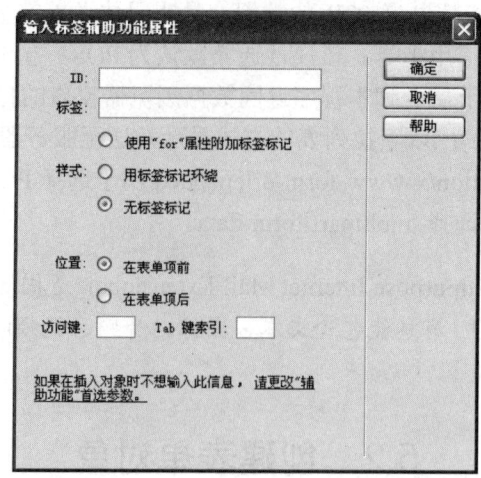

图 5-5　"输入标签辅助功能属性"对话框

输入标签辅助功能各参数解释如下。

- ID：用于设置表单对象的名称，便于脚本程序调用。
- 标签：用于设置表单对象的提示文本。
- 样式：表单对象是否添加相应标签。
- 位置：设置提示文本的位置。
- 访问键：设置访问表单对象的快捷键。
- Tab 键索引：用于设置该表单对象在网页中利用 Tab 键访问的顺序。

一般地，对话框中的参数可照此图更改，单击"确定"按钮，将文本字段插入到网页文档中。

提示：　标签标记的功能是使浏览器用焦点矩形呈现在与表单对象关联的文本上，使得用户可通过关联文本的任意位置单击来选择该表单，而不仅是在表单对象上。通常可设置为无标签标记。

(4) 选中已插入文本字段，则文本字段属性面板如图 5-6 所示。

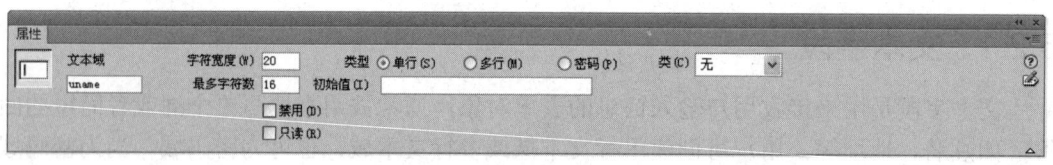

图 5-6　文本字段属性面板

文本字段各参数解释如下。

- 文本域(name)：文本字段的名称，用于输入唯一标识文本字段的英文或数字，命名规则同表单，默认为 textfield，此例修改为 uname。
- 字符宽度(size)：输入一个数值，用于指定文本字段显示的字符宽度，默认为 24 个字符，此例修改为 20。

- 最多字符数(maxlength)：设定用户可以在该字段中输入的最多字符数。此例设置为 16。
- 初始值(value)：设置文本字段默认状态下显示的文本。
- 禁用(disbled)：禁止用户输入文本，显示为灰色。
- 只读(readonly)：禁止用户输入文本，显示方式正常。

文本字段语法格式如下：

```
<input name="uname" type="text" id="uname" size="20" maxlength="16" />
```

提示：　1 个中文和 1 个英文对应的字符数都是 1。

2. 创建多行文本域

(1) 光标定位在要插入文本区域的位置，如定位在"个人简介"右侧的单元格里。

(2) 执行以下任一操作。

- 选择"插入"→"表单"→"文本区域"菜单命令。
- 在"插入"面板的"表单"选项卡中单击"文本区域"按钮。

(3) 弹出"输入标签辅助功能属性"对话框，单击"确定"按钮插入文本区域。选中文本区域，在"属性"面板中设置文本区域的属性，如图 5-7 所示，设置"字符宽度"为 45，"行数"为 5。文本区域属性参数与文本字段基本相同。

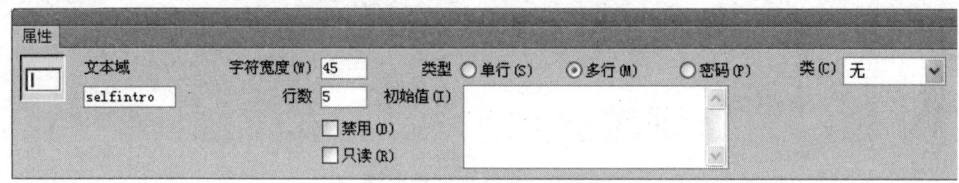

图 5-7　多行文本域属性

文本区域语法格式如下：

```
<textarea name="selfintro" cols="45" rows="5" id="selfintro"></textarea>
```

5.2.2　隐藏域

隐藏域是用来存放某些页面中需要连续传递信息的不可见元素，对于网页访问者来说，隐藏域是看不见的。当表单被提交时，隐藏域会将定义的名称和相关信息发送到服务器端。定义隐藏域后，Dreamweaver 会在表单中创建标记 。

选中已插入隐藏域，则隐藏域属性面板如图 5-8 所示。

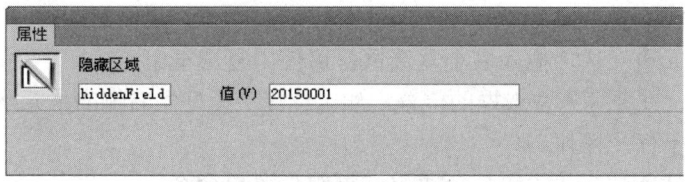

图 5-8　隐藏域属性面板

隐藏域各参数解释如下。

- 隐藏区域(name)：隐藏域的名称，用于输入唯一标识隐藏域的英文或数字，命名规则同表单，默认为 hiddenField。
- 值(value)：设置需要传递的隐藏信息。

隐藏域语法格式如下：

```
<input name="hiddenField" type="hidden" id="hiddenField" value="20150001" />
```

5.2.3 复选框和复选框组

1. 创建复选框

复选框允许用户在一组选项中选择一个以上的选项。

(1) 光标定位在要插入复选框的位置，如定位在"爱好"右侧的单元格里。

(2) 执行以下任一操作。

- 选择"插入"→"表单"→"复选框"菜单命令。
- 在"插入"面板的"表单"选项卡中单击"复选框"按钮。

(3) 弹出"输入标签辅助功能属性"对话框，单击"确定"按钮插入复选框。选中复选框，在"属性"面板中设置属性，如图 5-9 所示。

图 5-9 复选框属性面板

复选框各参数解释如下。

- 复选框名称(name)：输入标识复选框的名称，默认为 checkbox，此例设置为 CheckboxLove。
- 选定值(value)：为复选框设定数值，该值将被发送给服务器，此例设置为 1。
- 初始状态(checked)：有两种状态，"已勾选"表示在页面加载时已选中该选项，"未选中"正好与其相反。

复选框语法格式如下：

```
<input name="CheckboxLove" type="checkbox" id=" CheckboxLove " value="1"
checked="checked" />
```

2. 创建复选框组

为方便设计人员一次性插入多个复选框，可使用复选框组。

(1) 光标定位在要插入复选框的位置，如定位在"爱好"右侧的单元格里。

(2) 执行以下任一操作。

- 选择"插入"→"表单"→"复选框组"菜单命令。
- 在"插入"面板的"表单"选项卡中单击"复选框组"按钮。

(3) 弹出"复选框组"对话框，如图 5-10 所示。

对话框中各参数解释如下。

- 名称：用于输入复选框组的名称，默认为 CheckboxGroup1，此例设置为 CheckboxLove。

- "+"和"-"按钮：用于添加和删除复选框项目。

- 向上和向下箭头：用于调整复选框内容的排序。

- 布局，使用：用于对复选框进行布局使用的格式，有换行符(
标签)和表格两种格式。

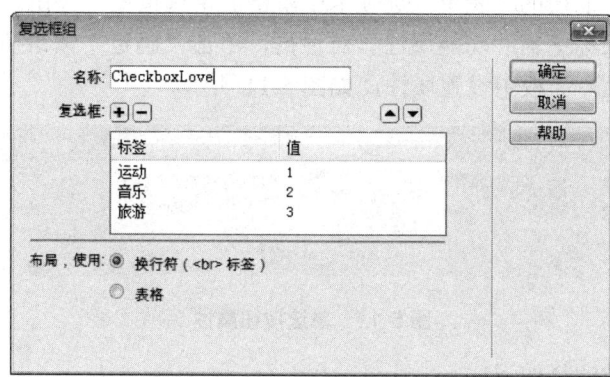

图 5-10　"复选框组"对话框

复选框组语法格式如表 5-1 所示。

表 5-1　复选框组语法格式

序　号	HTML 代码
1	<label>
2	<input type="checkbox" name="CheckboxLove" value="1"
3	id="CheckboxLove_0" />
4	运动</label>
5	<label>
6	<input type="checkbox" name="CheckboxLove" value="2"
7	id="CheckboxLove_1" />
8	音乐</label>
9	<label>
10	<input type="checkbox" name="CheckboxLove" value="3"
11	id="CheckboxLove_2" />
12	旅游</label>
13	<label>
14	<input type="checkbox" name="CheckboxLove" value="4"
15	id="CheckboxLove_3" />
16	写作</label>

5.2.4 单选按钮和单选按钮组

1. 创建单选按钮

单选按钮是指在多个选项中只能选择一项。

(1) 光标定位在要插入单选按钮的位置，如定位在"性别"右侧的单元格里。

(2) 执行以下任一操作。

● 选择"插入"→"表单"→"单选按钮"菜单命令。

● 在"插入"面板的"表单"选项卡中单击"单选按钮"按钮。

(3) 弹出"输入标签辅助功能属性"对话框，单击"确定"按钮插入单选按钮。选中单选按钮，在"属性"面板中设置属性，如图 5-11 所示。

图 5-11　单选按钮属性

单选按钮各参数解释如下。

● 单选按钮(name)：输入单选按钮的名称，默认为 radio，此例修改为 RadioSex。

● 选定值(value)：为单选按钮设定数值，该值将被发送给服务器，此例设置为 M。

● 初始状态(checked)：有两种状态，"已勾选"表示在页面加载时已选中该选项，"未选中"正好与其相反。

单选按钮语法格式如下：

```
<input name="RadioSex" type="radio" id="RadioSex_0" value="M"
checked="checked" />
```

2. 创建单选按钮

使用单选按钮组，可以创建一组名称相同的单选按钮，方法与创建复选框组相同。"单选按钮组"对话框如图 5-12 所示。

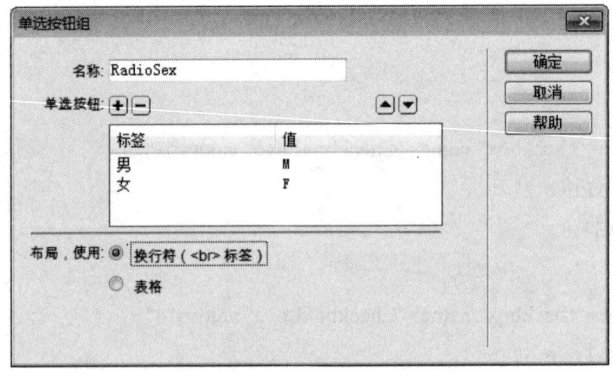

图 5-12　"单选按钮组"对话框

5.2.5 列表/菜单

列表/菜单以下拉列表的形式显示多个选项,一般在所选范围固定的情况下使用,如政治面貌、年、月、日等。

(1) 光标定位在要插入列表/菜单的位置,如定位在"政治面貌"右侧的单元格里。

(2) 执行以下任一操作。

● 选择"插入"→"表单"→"列表/菜单"菜单命令。

● 在"插入"面板的"表单"选项卡中单击"列表/菜单"按钮。

(3) 弹出"输入标签辅助功能属性"对话框,单击"确定"按钮,插入列表/菜单。选中列表/菜单,在"属性"面板中设置属性,如图 5-13 所示。

图 5-13 菜单属性

各参数解释如下。

● 选择(name):为列表/菜单输入名称,默认为 select。

● 类型:有两种类型,其中"菜单"以下拉菜单的形式显示;"列表"以多行滚动列表方式显示,且可以多选。

● 列表值:单击"列表值"按钮,会弹出"列表值"对话框,如图 5-14 所示。在"列表值"对话框中,"+"按钮表示增加项目,"-"按钮表示删除项目。单击向上或向下箭头按钮,可重新排列表中项目顺序。

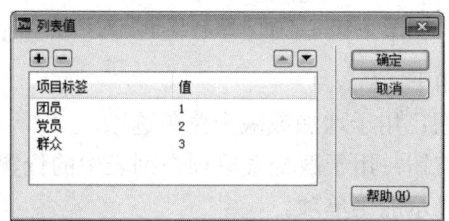

图 5-14 "列表值"对话框

列表语法格式如表 5-2 所示。

表 5-2 列表语法格式

序 号	HTML 代码
1	<select name="select" id="select">
2	<option value="1">团员</option>
3	<option value="2">党员</option>
4	<option value="3">群众</option>
5	</select>

5.2.6 跳转菜单

跳转菜单是可导航的列表或弹出菜单，这种菜单中的每个选项都链接到某个文档或文件。

(1) 光标定位在要插入复选框的位置，如定位在"喜好网站"右侧的单元格里。

(2) 执行以下任一操作。

● 选择"插入"→"表单"→"跳转菜单"菜单命令。

● 在"插入"面板的"表单"选项卡中单击"跳转菜单"按钮。

(3) 弹出"插入跳转菜单"对话框，如图 5-15 所示。

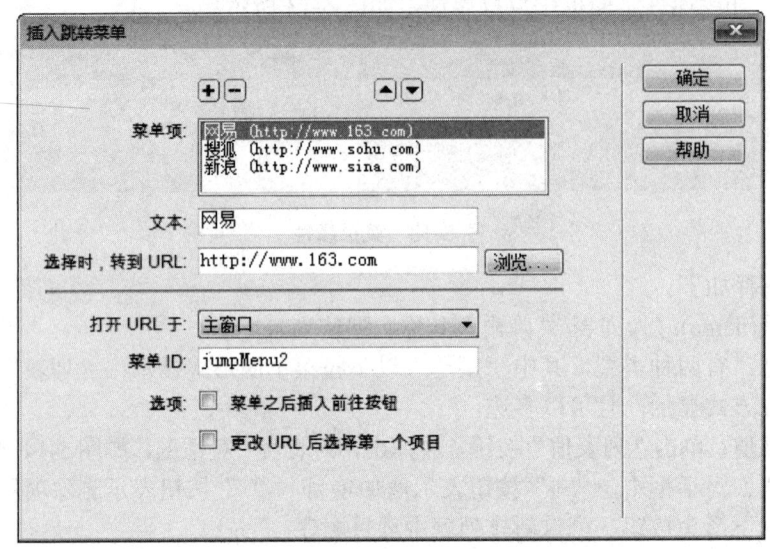

图 5-15　"插入跳转菜单"对话框

跳转菜单各参数解释如下。

● "+"或"-"按钮：用于增加或减少菜单选项。

● 向上和向下箭头按钮：用于改变菜单项在列表中的位置。

● 菜单项：列表中显示的菜单项。

● 文本：输入跳转菜单的名称或要链接文档的名称，与菜单项相对应。

● 选择时，转到 URL：选择或输入菜单项要链接的目标文件路径。

● 打开 URL 于：选择打开文档的目标窗口，默认为主窗口。

● 菜单 ID：跳转菜单的名称，用于唯一标识菜单。

● 选项：选中"菜单之后插入前往按钮"复选框，则会在跳转菜单后添加一个"前往"按钮，选中 URL 后需要单击此按钮，才能实现菜单的跳转；选中"更改 URL后选择第一个项目"复选框，则跳转到指定的 URL 后，第一项作为默认选项。

跳转菜单语法格式如表 5-3 所示。

表 5-3　跳转菜单语法格式

序　号	HTML 代码
1	<selectname="jumpMenu" id="jumpMenu"
2	onchange="MM_jumpMenu('parent',this,0)">
3	<option value="http://www.163.com">网易
4	</option>
5	<option value="http://www.sohu.com">搜狐
6	</option>
7	<option value="http://www.sina.com">新浪
8	</option>
9	</select>

5.2.7　图像域

图像域是指用在提交按钮位置的图像，使得这幅图像具有按钮的功能。一般来说，为了使网页按钮不让人觉得单调或者不破坏网页整体美观，可选择图像域。

(1) 将光标定位在要插入图像域的位置。

(2) 执行以下任一操作。

● 选择"插入"→"表单"→"图像域"菜单命令。

● 在"插入"面板的"表单"选项卡中单击"图像域"按钮。

(3) 弹出"选择图像源文件"对话框，选择图像并单击"确定"按钮后，则向表中添加了一幅图像。

5.2.8　文件域

使用文件域，用户可以浏览计算机上的某个文件，并可将文件作为表单数据上传。可手动输入要上传的文件路径，也可以使用"浏览"按钮选择文件。

(1) 将光标定位在要插入文件域的位置，如定位在"上传照片"右侧的单元格里。

(2) 执行以下任一操作。

● 选择"插入"→"表单"→"文件域"菜单命令。

● 在"插入"面板的"表单"选项卡中单击"文件域"按钮。

(3) 弹出"输入标签辅助功能属性"对话框，单击"确定"按钮插入文件域。

(4) 选择插入的文件域，在"属性"面板中设置文件域名称、字符宽度和最多字符数等，如图 5-16 所示。

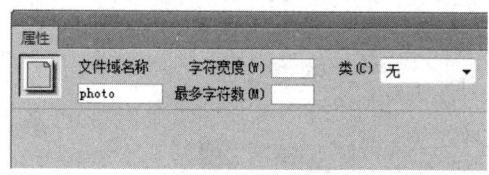

图 5-16　文件域属性

文件域语法格式如下：

```
<input type="file" name="photo" id="photo" />
```

5.2.9 按钮

按钮可将表单数据提交到服务器或者重置该表单。

(1) 将光标定位在要插入按钮的位置。

(2) 执行以下任一操作。

● 选择"插入"→"表单"→"按钮"菜单命令。

● 在"插入"面板的"表单"选项卡中单击"按钮"按钮。

(3) 弹出"输入标签辅助功能属性"对话框，单击"确定"按钮插入按钮。

按钮各参数解释如下。

● 按钮名称(name)：为按钮输入一个名称，用于唯一标识该按钮，默认为 button。

● 值(value)：输入显示在按钮上的文本内容。

● 动作(action)：有 3 个选项，其中"提交表单"表示将表单数据提交给服务器进行处理；"重设表单"表示将所填写内容清除；"无"表示无任何动作。

按钮语法格式如下：

```
<input type="submit" name="submit" id="submit" value="提交" />
<input type="reset" name="reset" id="reset" value="重置" />
```

5.2.10 标签

可以把表单文字设置为标签，并使用 for 属性使其与表单组件相关联，增加表单组件的可访问性。利用<label>标签的 for 属性可扩大鼠标的单击范围，让用户用起来更舒服。读者可自行在操作环境中结合表单对象操作试试预览效果。

5.2.11 字段集

字段集可提供一个区域放置表单元件，对表单进行分组，如图 5-17 所示。

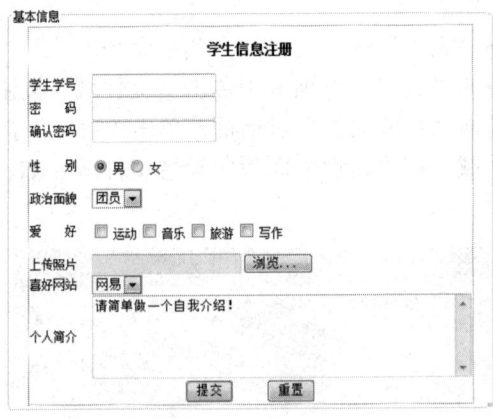

图 5-17　字段集预览效果图

其语法格式如下：

```
<fieldset>
<legend>基本信息</legend>
</fieldset>
```

提示：　fieldset 意为字段集，用于对表单进行分组，一个表单可以有多个 fieldset。legend 说明每组的内容描述，一般默认显示在左上角。</legend>标签后放置具体需要归类的内容。

5.3　Spry 表单验证

在制作表单页面时，为了确保采集信息的有效性，往往会在网页中实现表单数据验证的功能，如两次输入的密码不符、邮箱地址不正确等。Dreamweaver CS6 提供了 7 个 Spry 验证构件：Spry 验证文本域、Spry 验证文本区域、Spry 验证复选框、Spry 验证选择、Spry 验证密码、Spry 验证确认、Spry 验证单选按钮组，效果如图 5-18 所示。

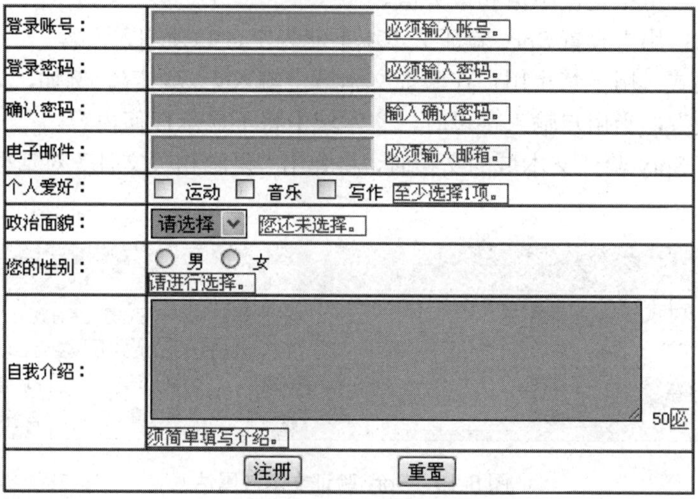

图 5-18　Spry 表单验证预览效果图

提示：　学生信息注册表单可先利用表格布局完成此界面的文字效果，表格宽度 477px，9 行 2 列。

5.3.1　Spry 验证文本域

Spry 验证文本域可以直接对用户输入的信息进行实时验证，并根据判断条件给出相应的提示信息。例如，当用户输入电子邮件地址时，如果没有输入 "@" 符号或句点，验证文本域构件会返回信息提示输入地址无效。

(1) 将光标定位在要插入 Spry 验证文本域的位置，如定位在 "登录账号" 后的单元格中。

(2) 执行以下任一操作。

● 选择"插入"→"表单"→"Spry 验证文本域" 菜单命令。

● 在"插入"面板的"表单"选项卡中单击"Spry 验证文本域"按钮。

(3) 弹出"输入标签辅助功能属性"对话框，单击"确定"按钮，插入 Spry 验证文本域，"属性"面板如图 5-19 所示。在"设计"视图中单击蓝色区域也会显示"属性"面板。Spry 验证文本域参数解释如下。

● Spry 文本域：用于设置 Spry 验证文本域的名称，默认为 sprytextfield1。

● 类型：用于设置验证类型和格式，在下拉列表中包括 14 种类型，如电子邮件地址等。

● 格式：当在"类型"下拉列表中选择某些项时，该项可用。

● 预览状态：验证文本构件具有许多状态，可根据所需的验证结果来选择。

● 验证于：用于设置验证发生的时间，包括 OnBlur(失去焦点)、OnChange(内容改变)、OnSubmit(提交)3 种情况。

● 最小字符数和最大字符数：指定 Spry 文本域限制的最小与最大字符个数。

● 最小值和最大值：当在"类型"下拉列表中选择整数、时间、货币、实数/科学记数法时，可指定最小值和最大值。

● 必需的：用于设置 Spry 验证文本域不能为空，必须输入内容。

● 强制模式：用于禁止用户在验证文本域中输入无效内容。例如，如果选择类型为"整数"，当用户输入字母时，文本域中将不显示任何内容。

当保存具有 Spry 验证文本域的文档时，将弹出"复制相关文件"对话框，单击"确定"按钮即可。

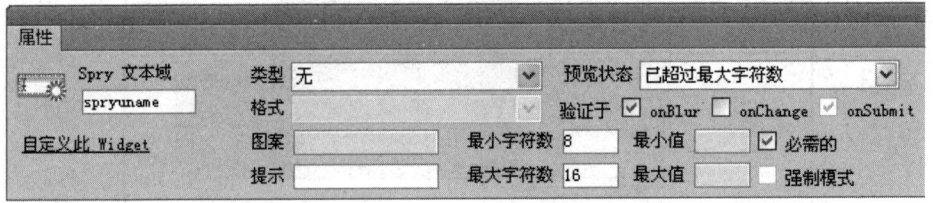

图 5-19　Spry 验证文本域属性

5.3.2　Spry 验证文本区域

Spry 验证文本区域是个文本区域，该区域用于在用户输入文本后显示可输入的文本字符数或者还剩下的文本字符数。

(1) 将光标定位在要插入 Spry 验证文本区域的位置，如定位在"自我介绍"后的单元格中。

(2) 执行以下任一操作。

● 选择"插入"→"表单"→"Spry 验证文本区域"菜单命令。

● 在"插入"面板的"表单"选项卡中单击"Spry 验证文本区域"按钮。

(3) 弹出"输入标签辅助功能属性"对话框，单击"确定"按钮插入 Spry 验证文本区域，"属性"面板如图 5-20 所示。

此"属性"面板与 Spry 验证文本域类似，在此不再赘述重复属性。

- 计数器：完成对文本域字符个数的统计。有 3 种方式，"无"表示不计数，"字符计数"表示对已经输入的字符数进行统计，"其余字符"表示统计剩下的字符个数。
- 禁止额外字符：当选择计数后，对超过的字符进行截断处理。
- 用于原始文本区域中的文字提示作用。

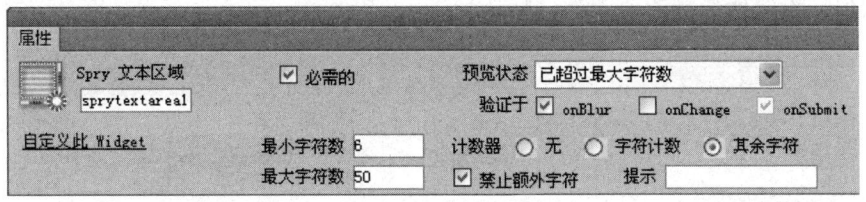

图 5-20　Spry 验证文本区域属性

5.3.3　Spry 验证复选框

Spry 验证复选框是表单中的一个或一组复选框，该复选框在用户选择(或没有选择)复选框时会进行相应的操作提示。

(1) 将光标定位在要插入 Spry 验证复选框的位置，如定位在"个人爱好"后的单元格中。

(2) 执行以下任一操作。

- 选择"插入"→"表单"→"Spry 验证复选框"菜单命令。
- 在"插入"面板的"表单"选项卡中单击"Spry 验证复选框"按钮。

(3) 弹出"输入标签辅助功能属性"对话框，单击"确定"按钮插入 Spry 验证复选框，"属性"面板如图 5-21 所示。

该"属性"面板与 Spry 验证文本域类似，在此不再赘述重复属性。

- 实施范围(多个)："最小选择数"是指用户至少要选择的选项个数，"最大选择数"是指用户最多选择的选项个数。本例爱好至少 1 个，最多 2 个。

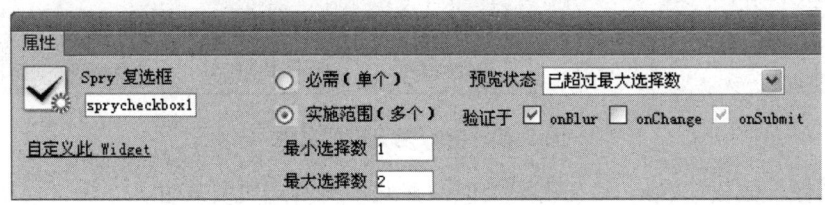

图 5-21　Spry 验证复选框属性

5.3.4　Spry 验证选择

Spry 验证选择是 HTML 表单中的一个列表，该列表在用户选择(或没有选择)列表项时会进行相应的操作提示。

(1) 将光标定位在要插入 Spry 验证选择的位置，如定位在"政治面貌"后的单元格中。

(2) 执行以下任一操作。

● 选择"插入"→"表单"→"Spry 验证选择"菜单命令。

● 在"插入"面板的"表单"选项卡中单击"Spry 验证选择"按钮。

(3) 弹出"输入标签辅助功能属性"对话框，单击"确定"按钮插入 Spry 验证选择，"属性"面板如图 5-22 所示。

该"属性"面板与 Spry 验证文本域类似，在此不再赘述重复属性。

无效值：设定所选择的值无效，默认为-1。

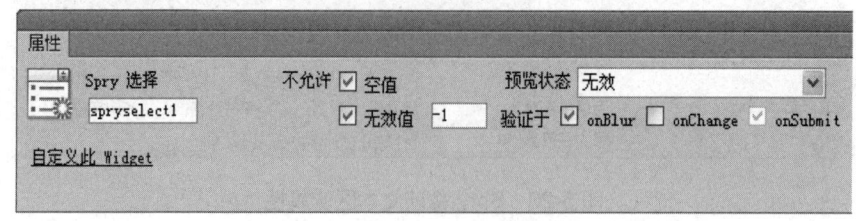

图 5-22　Spry 验证选择属性

5.3.5　Spry 验证密码

Spry 验证密码是一个密码文本域，用于强制执行设置的密码规则，不符合要求时会进行相应的操作提示。

(1) 将光标定位在要插入 Spry 验证密码的位置，如定位在"登录密码"后的单元格中。

(2) 执行以下任一操作。

● 选择"插入"→"表单"→"Spry 验证密码"菜单命令。

● 在"插入"面板的"表单"选项卡中单击"Spry 验证密码"按钮。

(3) 弹出"输入标签辅助功能属性"对话框，单击"确定"按钮插入 Spry 验证密码，"属性"面板如图 5-23 所示。

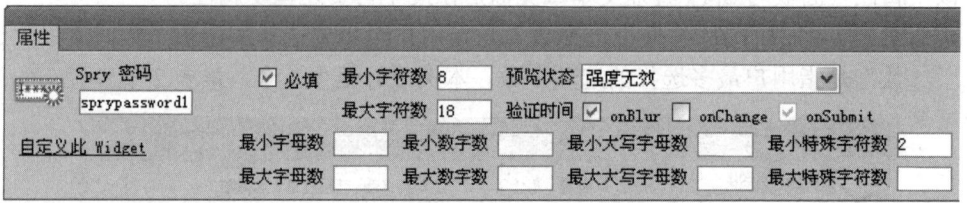

图 5-23　Spry 验证密码属性

此"属性"面板与 Spry 验证密码类似，在此不再赘述重复属性。

● 最小字母数、最小数字数、最小大写字母数、最小特殊字符数：分别对密码中字母数、数字数、大写字母数、特殊字符数进行下限个数的限定。

● 最大字母数、最大数字数、最大大写字母数、最大特殊字符数：分别对密码中字母数、数字数、大写字母数、特殊字符数进行上限个数的限定。

5.3.6　Spry 验证确认

Spry 验证确认是一个文本域或密码表单域，当用户输入的值与同一表单域值不匹配时，会进行相应的操作提示。

(1) 将光标定位在要插入 Spry 验证确认的位置，如定位在"确认密码"后的单元格中。

(2) 执行以下任一操作。

● 选择"插入"→"表单"→"Spry 验证确认"菜单命令。

● 在"插入"面板的"表单"选项卡中单击"Spry 验证确认"按钮。

(3) 弹出"输入标签辅助功能属性"对话框，单击"确定"按钮插入 Spry 验证密码，"属性"面板如图 5-24 所示。在"验证参照对象"下拉列表中可选择需要与之匹配的表单控件。

图 5-24 Spry 验证确认属性

5.3.7 Spry 验证单选按钮组

Spry 验证单选按钮组是一组单选按钮，对所选内容支持验证，不选会进行相应的操作提示。

(1) 将光标定位在要插入 Spry 验证单选按钮组的位置，如定位在"性别"后的单元格中。

(2) 执行以下任一操作。

● 选择"插入"→"表单"→"Spry 验证单选按钮组"菜单命令。

● 在"插入"面板的"表单"选项卡中单击"Spry 验证单选按钮组"按钮。

(3) 弹出"输入标签辅助功能属性"对话框，单击"确定"按钮插入 Spry 验证单选按钮组，将弹出"Spry 验证单选按钮组"对话框，进行如图 5-25 所示的设置。在"设计"视图中单击按钮组蓝色区域部分显示"属性"面板，如图 5-26 所示。

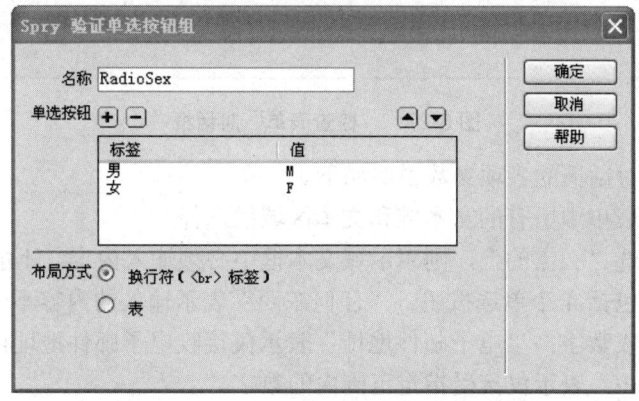

图 5-25 "Spry 验证单选按钮组"对话框

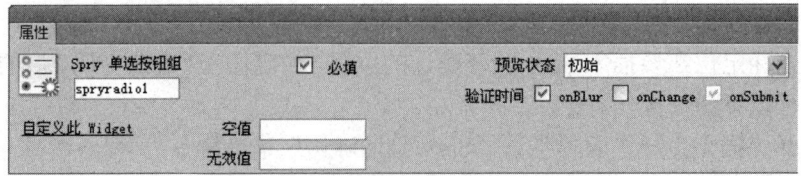

图 5-26　Spry 验证单选按钮组属性

5.4　使用行为验证表单

表单在提交到服务器端以前，必须进行验证，以确保输入数据的合法性。前面介绍了 7 种 Spry 验证，本节将使用检查表单行为验证表单。

检查表单行为(选择"窗口"→"行为"菜单命令，组合键为 Shift+F4)主要是指检查指定文本域的内容，以确保用户输入了正确的数据类型，其中的两种类型如下所示。

- onBlur：鼠标失去焦点事件，将在各文本域失去焦点时对文本域的内容进行检查。
- onSubmit：提交事件，将在用户提交表单的同时对多个文本域进行检查，确保数据的有效性。

如果用户填写表单时需要分别检查各个域，则在设置时需要分别选择各个域；如果用户在提交表单时检查多个域，则需要将鼠标指针置于表单内，单击左下方的"<form>"标签，选中整个表单，然后在"行为"面板中单击 ⁺ 按钮，在弹出的下拉菜单中选择"检查表单"命令，打开"检查表单"对话框进行参数设置，如图 5-27 所示。

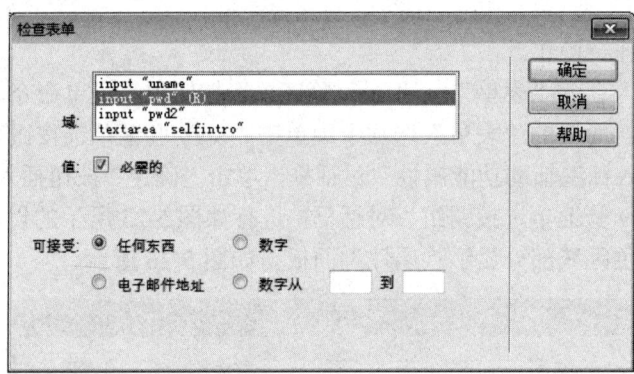

图 5-27　"检查表单"对话框

"检查表单"对话框的各项参数说明如下。

- 域：列出表单中所有的文本域和文本区域供选择。
- 值：如勾选"必需的"，则表示域文本框中必须输入内容，不能为空。
- 可接受：包括 4 个单选按钮。"任何东西"表示输入的内容不受限制；"数字"表示仅接收数字；"电子邮件地址"表示仅接收电子邮件地址格式的内容；"数字从…到…"表示仅接受指定范围内的数字。

下面以图 5-1 为例介绍使用行为验证表单。

(1) 选中"密码"后的文本字段，单击"行为"面板中的 ⁺ 按钮，选择"检查表单"

命令，弹出如图 5-27 所示的对话框，参照图进行设置，即完成了密码文本字段必填的操作。

(2) 右击"提交"按钮，选择"编辑标签"(组合键为 Shift+F5)命令，弹出"标签编辑器"对话框，如图 5-28 所示。选中 onClick 事件，在右侧的文本框中输入表 5-4 中的代码，即可完成密码字段的密码检查，单击"确定"按钮。

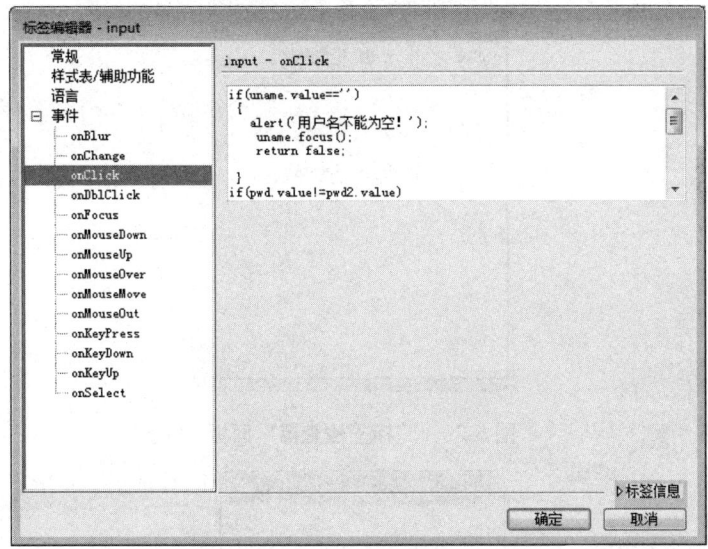

图 5-28　"标签编辑器"对话框

表 5-4　密码验证源代码

序　号	HTML 代码
1	if(uname.value==' ')
2	{
3	alert('用户名不能为空！');
4	uname.focus();
5	return false;
6	}
7	if(pwd.value!=pwd2.value)
8	{
9	alert('两次输入的密码不相同！');
10	pwd.focus();
11	return false;
12	}
13	else if(pwd.value.length<6||pwd.value.length>16)
14	{
15	alert('密码长度不能少于 6 位，多于 16 位！');
16	pwd.focus();
17	return false;
18	}

在"标签检查器"面板的"行为"选项卡中选择事件 onBlur，如图 5-29 所示，预览网页，即可完成对学生学号、密码的检查，弹出如图 5-30、图 5-31、图 5-32 所示的对话框。

图 5-29 "标签检查器"面板

图 5-30 用户名不能为空提示信息

图 5-31 密码长度不对提示信息

图 5-32 两次密码不一致提示信息

5.5 实 例 演 示

5.5.1 实例情景——制作邮箱注册单网页

制作一个邮箱注册单网页，要求采用布局技术、表单控件实现相应注册信息的填写。

5.5.2 实例效果

邮箱注册单网页预览效果如图 5-33 所示。

图 5-33 邮箱注册单网页预览效果图

5.5.3 实现方案

1. 操作思路

准备好图片素材，利用表格进行布局，在各单元格利用相应表单元素完成预览效果，利用行为增添网页验证效果。

☞ **提示：** 读者也可利用 Div+CSS 完成布局。

2. 操作步骤

(1) 新建网页并保存在本地站点中，并命名为 Register.html。

(2) 添加表单，并在表单中加入表格，表格属性设置如下：宽度为 650px、10 行 3 列、居中对齐、填充为 1、间距为 0、边框为 0，如图 5-34 所示。

(3) 添加表单元素、并进行属性设置。

① 合并表格第 1 行的 3 个单元格，并输入"注册账号"，设置格式为"标题 2"。

图 5-34　表格属性

② 在表格第 1 列第 2 行分别输入"邮箱账号""昵称""密码""确认密码""性别""生日""验证码"等，并设置单元格水平方向右对齐。

③ 在"邮箱账号"后面的单元格后面添加文本字段，设置字符宽度为 20；再单击选择(列表/菜单)，在列表值中添加@qq.com 与@foxmail.com；在第三个单元格中单击文本域，字符宽度为 30，行数为 2。

④ 合并昵称后的 2 个单元格，以下均按此操作。在合并后的单元格中单击 Spry 文本域，在属性对话框中设置最小字符数为 3，最大字符数为 12，勾选 onBlur，并修改相应的提示信息。

⑤ 在密码后的合并单元格中单击 Spry 密码，在属性对话框中设置最小字符数为 6，最大字符数为 16，勾选 onBlur，并修改相应的提示信息。

⑥ 在确认密码后的合并单元格中单击 Spry 确认，在属性对话框中勾选 onBlur，其他默认设置。

⑦ 在性别后的合并单元格中单击 Spry 单选按钮组，在属性对话框中勾选 onBlur；设置单选按钮组内容为男和女，已勾选男，其他属性默认设置。

⑧ 在生日后的合并单元格中单击文本字段 2，设置字符宽度为 4、最多字符数为 4。单击两次选择(列表/菜单)，分别设置列表值为 1-12 和 1-31。

⑨ 在验证码后的合并单元格中单击文本字段，在属性对话框中设置字符宽度为 4、最多字符数为 4；单击图像域，在站点目录中选择 yzm.png，并输入相应的提示信息如图 5-33 所示。

⑩ 合并第 9 行三个单元格，设置水平居中对齐，单击复选框，选择已勾选，并在其后输入相应的提示信息，如图 5-33 所示。

⑪ 合并第 10 行三个单元格，设置水平居中对齐，单击图像域，在站点目录中选择 Register.png。

⑫ 设置样式，如表 5-5 所示。依次选择"邮箱账号""昵称""密码""确认密码""生日""验证码"后的文本框，在"属性"面板的"类"下拉列表中选择 wbkys；同理完成"文本区域"的样式 showys 选择。

(4) 设置邮箱账号 onFocus 事件显示提示信息效果。单击邮箱账号后的单元格，添加行为，单击 ⁺，，选择"设置文本"→"设置文本域文字"命令，在弹出的对话框文本域下拉列表选择 textarea "terxtarea"，新建文本中输入相应文本如图 5-35 所示。

表 5-5　Register.html 页面中样式代码

序　号	CSS 代码
1	.showys {　/*邮箱账号后文本域提示信息样式　*/
2	border-top-style: none;
3	border-right-style: none;
4	border-bottom-style: none;
5	border-left-style: none;
6	overflow: hidden;
7	}
8	body,td,th {　/*　设置页面属性的字体大小样式*/
9	font-size: 12px;
10	}
11	.yzmys {　/*　设置验证码文本字段样式*/
12	height: 30px;
13	width: 80px;
14	}
15	.wbkys {　/*　设置各表单元素文本字段样式*/
16	height: 30px;
17	}

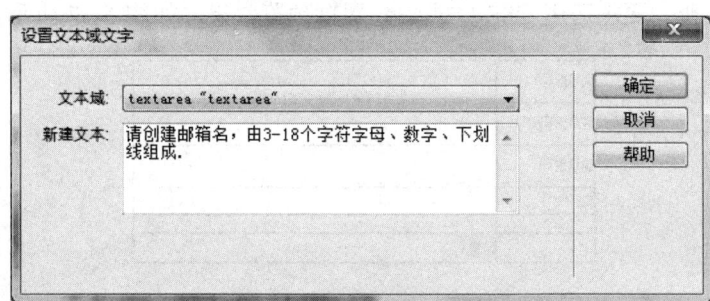

图 5-35　"设置文本域文字"对话框

5.6　任务训练

5.6.1　训练目的

(1) 练习在网页中插入表单及表单对象。

(2) 练习进行表单元素属性的设置。

(3) 练习运用表单及表单对象制作网页。

(4) 练习运用 CSS 美化网页。

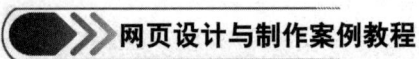

5.6.2 训练内容

(1) 用户调查表，利用所学的表单控件完成网页预览效果，如图 5-36 所示。

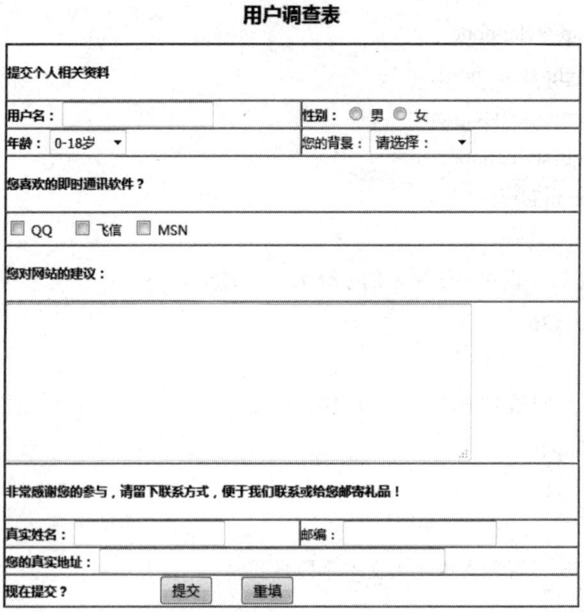

用户调查表
提交个人相关资料
用户名：
性别：男 女
年龄：0-18岁
您的背景：请选择：
您喜欢的即时通讯软件？
QQ 飞信 MSN
您对网站的建议：
非常感谢您的参与，请留下联系方式，便于我们联系或给您邮寄礼品！
真实姓名：
邮编：
您的真实地址：
现在提交？
提交
重填

图 5-36 用户调查表预览效果

(2) 账号注册，要求运用 CSS 样式完成网页预览效果，如图 5-37 所示。

登录账号:
登录密码:
确认密码:
电子邮件:
提交

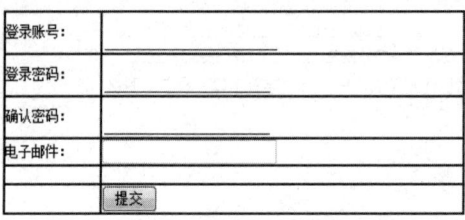

图 5-37 账号注册预览效果

(3) 在线作业系统用户登录与用户调查，网页预览效果如图 5-38 所示。

用户登录
用户名:
密 码:
管理员:
注册
登录
忘记密码
您认为在线作业系统在哪个方面还需要改进?
页面设计
作业流程
功能模块
操作方式
我要投票
查看结果

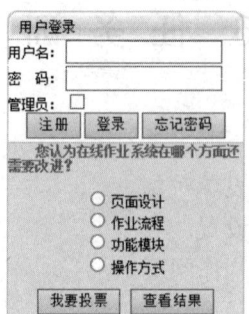

图 5-38 在线作业系统用户登录与用户调查预览效果

5.7　知识拓展

1. 怎样使用户可直接在有提示信息的文本域中输入内容？

答：如果在表单文本域中加入了提示信息，用户要在该文本域中输入信息，往往需要用鼠标选中文本域中的提示信息将其删除，再输入有用信息，如图5-1所示。也可添加行为设置文本中的设置文本域文字为空，即在 <textarea> 标签中输入代码 onfocus="MM_setTextOfTextfield('selfintro','','')"即可。

2. 如何修改表单为弹出窗口？

答：大多数表单激活后，会在当前页面中打开，影响正常浏览。在表单的"属性"面板中将"目标"设置为_blank，即可将该表单修改为弹出窗口。

单 元 测 试

1. 下面选项中，表单的标签是(　　)。

    A. <html>　　　　　B. <body>　　　　C. <frame>　　　　D. <form>

2. 下面不可以作为文本域类型的是(　　)。

    A. 单行　　　　　　B. 多行　　　　　　C. 多列　　　　　　D. 密码

3. 在表单对象中，(　　)也是一种链接形式。

    A. 跳转菜单　　　　B. 下拉菜单　　　　C. 文本域　　　　　D. 图像域

4. Dreamweaver CS6设计表单时，"照片"项应使用的表单元素是(　　)。

    A. 单选按钮　　　　B. 多行文本域　　　C. 文件域　　　　　D. 图像域

5. Dreamweaver CS6设计表单时，"反馈意见"应使用的表单元素是(　　)。

    A. 单选按钮　　　　B. 多行文本域　　　C. 文件域　　　　　D. 图像域

6. Dreamweaver CS6设计表单时，要求用户名不能超过8个字符(4个汉字)，下列选项中文本域设置正确的是(　　)。

    A. 将文本域的字符宽度设置为8

    B. 将文本域的最大字符数设置为4

    C. 将文本域的初始值设置为4个字符

    D. 将文本域的名称设置为8个字符

第 6 章   认识行为特效

技能目标：

- 掌握在网页中加入行为特效
- 掌握在网页中调用 JavaScript 脚本
- 掌握利用行为创设不同的网页效果

利用 Dreamweaver 自带的"行为"面板，可以为网页制作一些特殊的效果，如交换图像、弹出消息、设置状态栏文本、显示/隐藏元素等。这些特效能够丰富页面的内容，给用户耳目一新的感觉。

6.1   认 识 行 为

行为是 Dreamweaver 中一个功能非常强大的工具。为了增加网页的特效，可以编写 JavaScript 代码；但是更复杂的效果是通过一个叫行为(Behaviors)的功能实现的，又称为事件的响应，如鼠标的移动、点击等事件(Events)，触发弹出窗口、关闭页面等响应(Actions)。

6.1.1   行为基本概念

一般来说，动态网页或一些特殊效果，如弹出信息框、播放音乐、禁止鼠标右键、自动跳转等，是通过 JavaScript 或基于 JavaScript 的 DHTML 代码实现的。包含 JavaScript 脚本的网页，能够实现用户与页面的简单交互。但是编写脚本既复杂又专业，需要专门学习。幸运的是，Dreamweaver 提供了一种称为行为(Behavior)的机制。虽然行为也是基于 JavaScript 实现动态网页和交互，但却不需书写任何代码，在可视化环境中按几个按钮、填几个选项，就可以实现丰富的动态页面效果，完成人与页面的简单交互。

1. 行为和事件

行为是对某一对象的操作，它主要表述了对象的动态属性，操作的作用是设置或改变对象的状态，行为最终表现为一种执行的效果。行为(Behavior)是由事件(Event)和动作(Action)组成的。例如，事件是访问者对网页所做的事情，比如把鼠标移动到一个链接上，产生一个鼠标经过的事件；这个事件触发浏览器去执行一段 JavaScript 代码，这就是动作；然后产生了 JavaScript 设计的效果，可能是打开窗口，也可能是播放音乐等，这就是行为。与行为相关的有 3 个重要的部分：对象(Object)、事件(Event)和动作(Action)。

1) 对象(Object)

对象是产生行为的主体，很多网页元素都可以成为对象，如图片、文字、多媒体文件等，甚至是整个页面。

2) 事件(Event)

事件是触发动态效果的原因，它可以被附加到各种页面元素上，也可以被附加到 HTML

标记中。一个事件总是针对页面元素或标记而言的，将鼠标移到图片上、把鼠标放在图片之外、单击鼠标是与鼠标有关的 3 个最常见的事件(onMouseOver、onMouseOut、onClick)。不同的浏览器支持的事件种类和多少是不一样的，通常高版本的浏览器支持更多的事件。

3) 动作(Action)

行为通过动作来完成动态效果，如图片翻转、打开浏览器、播放声音都是动作。动作通常是一段 JavaScript 代码，在 Dreamweaver 中可以使用内置的行为向页面中添加 JavaScript 代码，不必自己编写。

2. 事件与动作

将事件和动作组合起来就构成了行为，例如，将 onClick 行为事件与一段 JavaScript 代码相关联，单击鼠标时就可以执行相应的 JavaScript 代码(动作)。一个事件可以同多个动作相关联，即发生事件时可以执行多个动作。

Dreamweaver 内置了许多行为动作，是一个现成的 JavaScript 库。除此之外，第三方厂商提供了更多的行为库，下载并在 Dreamweaver 中安装行为库中的文件，可以获得更多的可操作行为。如果您很熟悉 JavaScript 语言，也可以自行设计新动作，并添加到 Dreamweaver 中。

6.1.2 "行为"面板

选择"窗口"→"行为"菜单命令或按组合键 Shift+F4，可以调出"行为"面板，如图 6-1 所示。

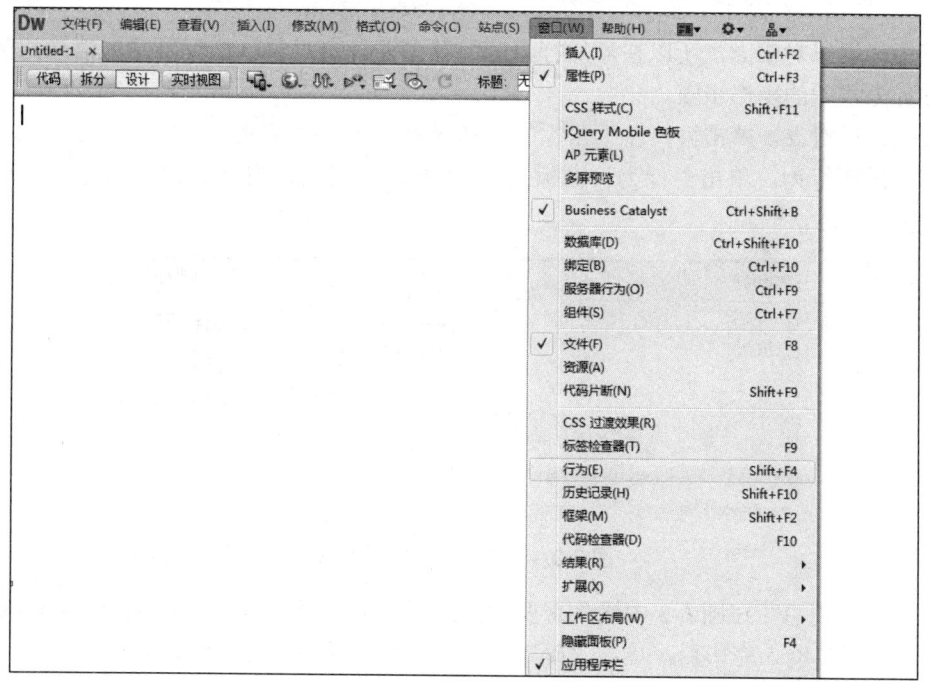

图 6-1 调出"行为"面板

调出后的"行为"面板在 Dreamweaver CS6 窗口的右上角，单击"行为"面板上的"+"按钮，即可添加相应的行为，如图 6-2 所示。

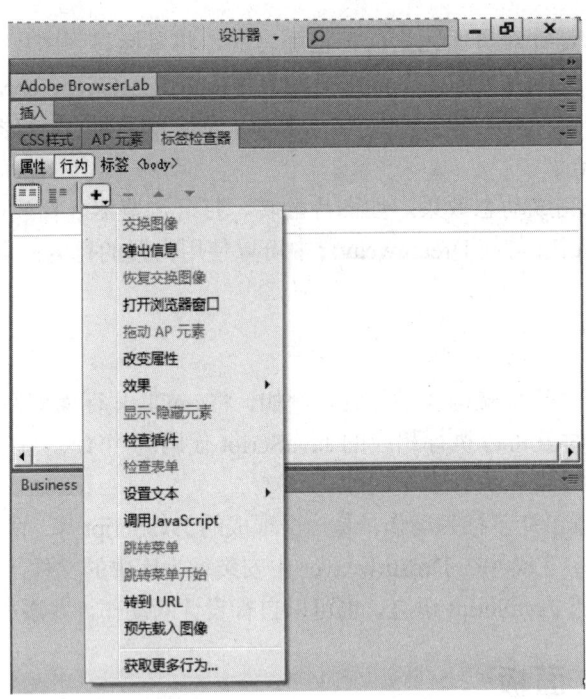

图6-2 "行为"面板

6.1.3 添加行为步骤

行为作用于对象上，所以在添加行为之前首先要确定对象。这里以弹出消息为例，讲解添加行为特效的操作步骤。

(1) 选择对象。单击窗口左下角标签选择器内的body，即选择了行为对象。

(2) 添加行为。单击"行为"面板上"+"按钮，选择"弹出消息"命令，将出现如图6-3所示的对话框。

图6-3 "弹出消息"对话框

(3) 设置消息。在图6-3中输入想要设置的网页提示消息，如"欢迎光临我的网页"，如图6-4所示。输入完毕后，单击"确定"按钮，弹出消息行为即设置完毕。

(4) 设置完毕后，即可在"行为"面板上生成"弹出信息"行为，如图6-5所示。默认触发该行为的事件是onLoad，单击onLoad右侧的下拉按钮，可以修改触发行为的事件。这里不做改动。

图6-4 输入消息

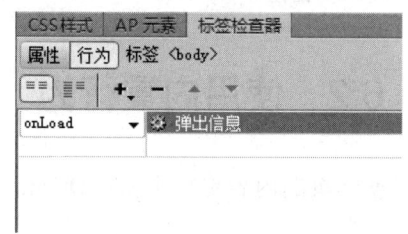

图6-5 设置行为后的行为面板

(5) 保存上述的设置，预览页面。加载后即弹出消息框的效果如图6-6所示。

图6-6 行为效果演示

6.1.4 修改行为

在"行为"面板上完成对已设置的行为特效进行修改。

1. 修改行为的效果

除前面已经讲过的修改触发行为的事件以外，还可以对行为本身进行修改。这里还是以"欢迎光临我的网页"为例。双击"行为"面板上的"弹出信息"行为，弹出修改对话框，如图6-7所示。选择文本框中的文字并进行修改，单击"确定"按钮，即可保存修改。

2. 其他修改行为

如图6-8所示，在"行为"面板的上部，单击"-"按钮，可以删除已设置的行为；单击"-"右侧的上下箭头按钮，可以调整现有行为的排列顺序。还可以在该面板上选择显示部分或全部行为，读者可自行尝试。

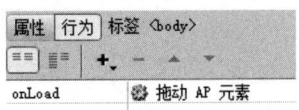

图 6-7　"弹出信息"对话框　　　　　　图 6-8　设置"行为"面板

6.2　使用内置行为

通过设置内置行为，可以使网页的内容更加丰富。Dreamweaver 提供的内置行为很丰富，接下来详细介绍。

6.2.1　交换图像

在 Dreamweaver 的行为命令中，有些应用在图像中能够很好地表现出效果，例如，交换图像、改变属性与拖动 AP 元素等行为命令。

交换图像行为既可以将一个图像与另一个图像进行交换，也可以交换多个图像。与"鼠标经过图像"命令不同的是，使用"交换图像"行为之前，必须先插入图片并将其选中作为行为的对象。单击"行为"面板中的"添加行为"按钮，选择"交换图像"命令，弹出如图 6-9 所示的对话框，在"图像"列表框中选中需要设置交换图像的对象，单击"设定原始档为"右侧的"浏览"按钮，在如图 6-10 所示的对话框中选择一张新图片，单击"确定"即可。

图 6-9　选择交换图像的对象

交换图像默认的事件为 onMouseOver 和 onMouseOut，即鼠标经过和鼠标离开时触发行为，如图 6-11 所示。

　　保存文档以后按 F12 键打开窗口，当鼠标指向图像时，图像变化为另一张图像；当鼠标移开图像时，恢复为原来的图像，如图 6-12 所示。

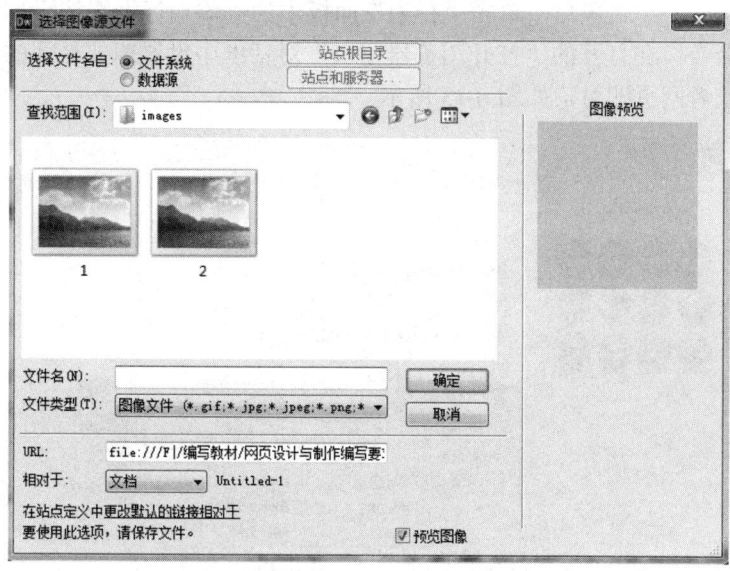

图 6-10　设置新图片

| onMouseOut | 恢复交换图像 |
| onMouseOver | 交换图像 |

图 6-11　产生交换图像后的"行为"面板

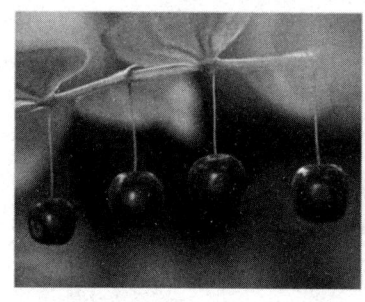 

图 6-12　交换图像的效果

6.2.2　弹出消息

　　弹出消息行为在前面已经介绍过，请参照 6.1.3 小节学习。

6.2.3　打开浏览器窗口

　　使用打开浏览器窗口行为可以打开一个新的窗口，用来显示链接目标文件等。这个窗口的属性可以由用户设置，如窗口大小、是否有状态栏以及窗口的名字等。

打开浏览器窗口动作主要用于浏览大的图像。如果网页上要显示许多让访问者浏览的图像,可以先将这些图像做成尺寸较小的缩略图标,以便让访问者能够快速看到图片效果。当访问者单击其中的一个图片时,会在一个新窗口中触发该动作,以显示原图像文件。

在页面中选中一个对象后,单击"行为"面板中的"添加行为"按钮+,选择"打开浏览器窗口"命令。在打开的"打开浏览器窗口"对话框中设置想要显示的窗口信息以及要显示的文件或者网页即可,如图 6-13 所示。

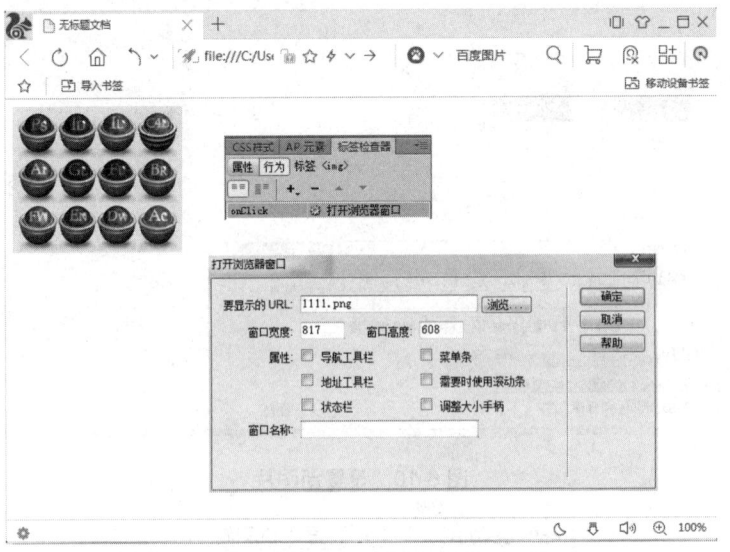

图 6-13   "打开浏览器窗口"对话框

保存文档后按 F12 键打开窗口,单击其中的一张图像后,弹出一个固定大小的窗口,但是如果没有设置窗口宽度与高度,则会根据其中图像的大小显示滚动条,如图 6-14 所示。

图 6-14   打开浏览器窗口行为运行效果

6.2.4　转到 URL

前面讲到，单击网页上的缩略图像可以打开新的窗口，转到 URL 也是同样的效果：单击网站中的一个元素，可以跳转至元素指向的 URL 地址。

在如图 6-15 所示的页面中选择文字"百度搜索"，在"属性"面板"链接"文本框中输入"https://www.baidu.com/"，回到"拆分"窗口中，保存文档后按 F12 键打开窗口。单击"百度搜索"文字，网页将转到百度搜索页面运行。

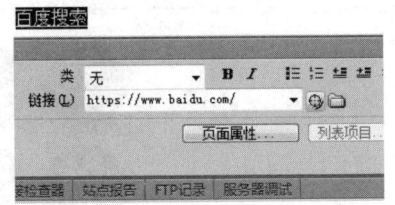

图 6-15　转到 URL 行为设置

6.2.5　拖动 AP 元素

拖动 AP 元素行为可让访问者拖动绝对定位的 AP 元素。使用此行为，可以创建拼图游戏、滑块控件和其他移动的界面元素。在添加该行为之前，需要在页面中创建 AP 元素，并在其中插入图像或者输入文本。然后选中<body>标签，在"行为"面板中单击"添加行为"按钮，选择"拖动 AP 元素"命令，设置其中的"放下目标"与"靠齐距离"选项即可，如图 6-16 所示。

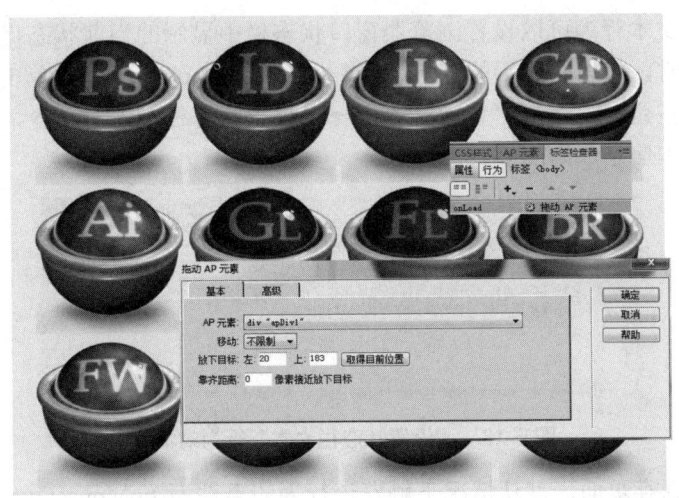

图 6-16　拖动 AP 元素行为设置

保存文档后，按 F12 键打开预览窗口，单击并拖动 AP 元素中的图像，可以随意移动该图像。这里将该图像拖动到右上角，使其形成完整的图像，如图 6-17 所示。

(a)

(b)

图 6-17　拖动 AP 元素行为改变元素位置

6.2.6　设置状态栏文本

设置状态栏文本行为可以设置浏览器窗口状态栏中显示的当前状态提示信息，就像鼠标经过一个链接时，状态栏显示的链接地址一样。选中<body>标签，单击"行为"面板中的"添加行为"按钮 ，选择"设置文本"→"设置状态栏文本"命令，在弹出的对话框中设置状态栏文本信息，如图 6-18 所示。

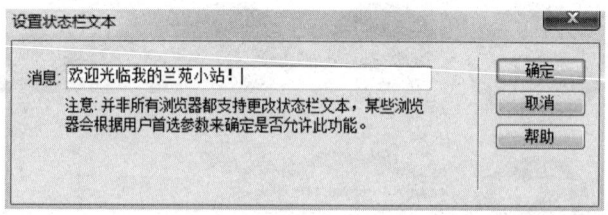

图 6-18　"设置状态栏文本"行为对话框

设置完毕后保存页面，默认情况下触发该行为的事件为 onMouseOver，用户可以根据需要修改为其他事件。按 F12 键预览该页面，即可看到页面底部状态栏内显示的文本，如

图 6-19 所示。

图 6-19　状态栏文本显示

6.2.7　改变属性

改变属性行为用来动态地改变某个对象的属性，如改变 AP 元素背景与图像大小等。要添加该行为，必须选中一个对象，并且为该图像设置 ID。单击"行为"面板中的"添加行为"按钮，在弹出的下拉菜单中选择"改变属性"命令，设置所选元素的类型、ID、要改变的属性以及新的数值，即可完成操作，如图 6-20 所示。

图 6-20　改变元素的属性

完成后保存文档，按 F12 键打开窗口。初始图像为原始尺寸显示，单击该图像后，图像的宽度缩小为一半，如图 6-21 所示。

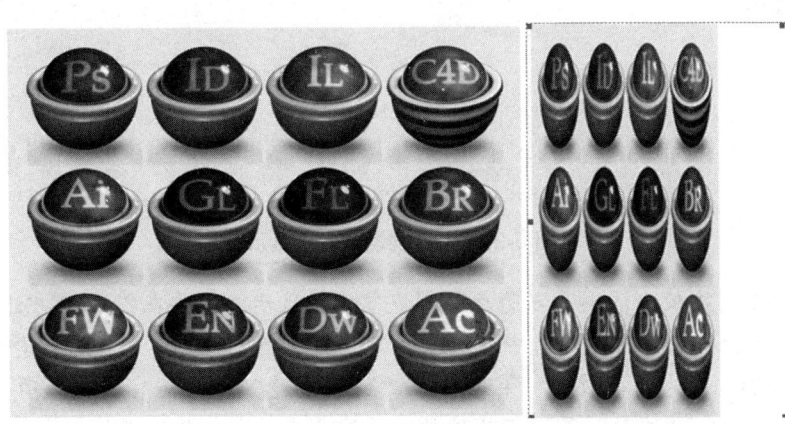

图 6-21　改变属性后的图像宽度显示

6.2.8　显示/渐隐

显示/渐隐效果是使网页元素显示或者渐隐的行为。单击"行为"面板上的"添加行为"
按钮 <img src="add" />，在弹出的下拉菜单中选择"效果"→"显示/渐隐"命令，弹出如图 6-22 所示的
对话框。

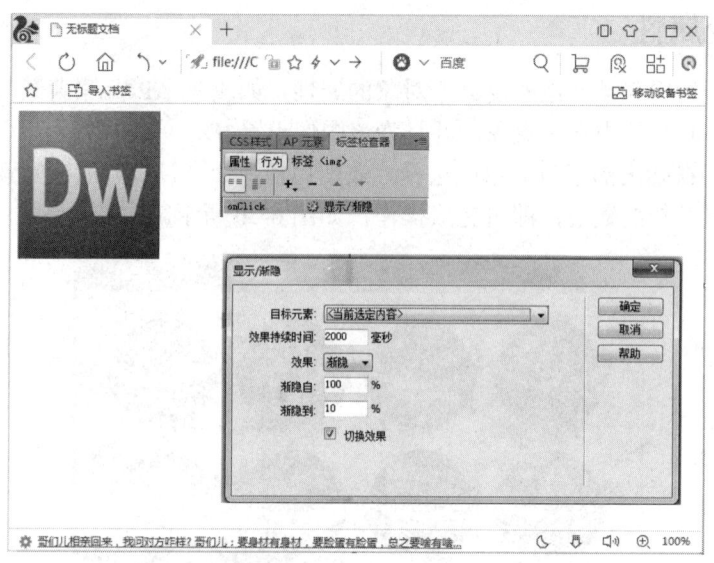

图 6-22　设置图片的渐隐效果

完成设置后保存文档，按 F12 键预览效果。发现初始图像为百分百显示，单击图像后，
该图像会逐渐消失为 10%透明度；再次单击图像，该图像会返回百分百显示，如图 6-23
所示。

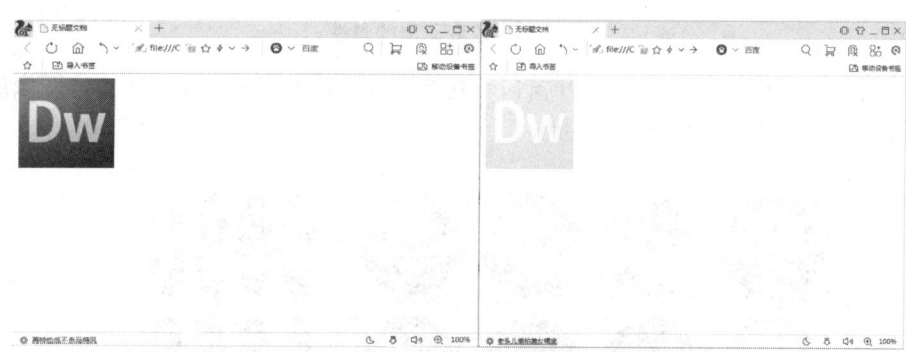

图 6-23　图片的渐隐效果显示

☞ 提示：　(1)　要使上述图片渐隐后能够恢复完全显示，需要在图 6-22 中选中"效果"
下拉列表。若没有选中该选项，效果将有所差别，读者可自行尝试。

(2)　行为的"效果"菜单中除"显示/渐隐"外，还有诸多选项，如"增大/
收缩""晃动"等。行为的效果虽然差异很大，但设置的方式大同小异，读
者可参照上述步骤自行完成，这里不再赘述。

6.2.9 调用 JavaScript

JavaScript 是一种基于对象和事件驱动并具有安全性能的脚本语言，它可以直接嵌套在 HTML 页面中，运行时不需要单独编译。由于它具有跨平台性、与操作环境无关、只依赖于浏览器本身等特性，因此，只要是支持 JavaScript 的浏览器都能正确执行。

JavaScript 代码可以嵌入 HTML，并与 HTML 标识符、CSS 样式表相结合，成为 HTML 文档的一部分，能实现网页的动态效果或交互功能。嵌入形式有以下几种。

1) 在 head 部分添加 JavaScript 脚本

将 JavaScript 脚本置于网页 head 部分，使之在其余代码之前加载，快速实现其功能，并且容易维护。HTML 代码如表 6-1 所示。

表 6-1 head 部分添加 JavaScript

序 号	HTML 代码
1	\<html>
2	\<head>
3	\<script type="text/javascript">
4	function message()
5	{
6	alert("该提示框是通过 onload 事件调用的。")
7	}
8	\</script>
9	\</head>
10	\<body onload="message()">
11	\</body>
12	\</html>

使用如表 6-1 所示的代码，在页面进入加载状态后即可弹出消息框，如图 6-24 所示。

图 6-24 head 部分添加 JavaScript 效果显示

2) 直接在 body 部分添加 JavaScript 脚本

由于某些脚本在网页中特定部分显示其效果，此时脚本就会位于 body 中的特定位置；HTML 表单需要直接在\<input>标签内添加脚本，以相应输入元素的事件，如实现全屏显示。HTML 代码如表 6-2 所示。

```
onclick="windows.open(document.location,'big','fullscreen=yes')"
```

表 6-2　body 部分添加 JavaScript

序　号	HTML 代码
1	\<html>
2	\<head>
3	\</head>
4	\<body>
5	\<script type="text/javascript">
6	document.write("该消息在页面加载时输出。")
7	\</script>
8	\</body>
9	\</html>

　　包含表 6-2 所示代码的页面，进入运行状态后，将会在页面中输出相应的内容，如图 6-25 所示。

该消息在页面加载时输出。

图 6-25　body 部分添加 JavaScript 效果显示

3)　链接 JavaScript 脚本文件

　　引用外部脚本文件，使用\<script>标签的 src 属性来指定外部脚本文件的 URL，文件扩展名为.js。这种方法使脚本文件得到重复使用，从而降低维护的工作量。例如：

```
<script type="text/javaScript" src="moveimage.js"></script>
```

HTML 代码如表 6-3 所示。

表 6-3　外部 JavaScript

序　号	HTML 代码
1	\<html>
2	\<head>
3	\</head>
4	\<body>
5	\<script src="/js/example_externaljs.js">
6	\</script>
7	\<p>
8	实际的脚本位于名为 "xxx.js" 的外部脚本中。
9	\</p>
10	\</body>
11	\</html>

　　上述代码的运行效果如图 6-26 所示。

实际的脚本位于名为"xxx.js"的外部脚本中。

图 6-26　链接外部 JavaScript

JavaScript 是基于对象的语言，它把复杂的对象统一起来，形成一个非常强大的对象系统，这些对象主要包括以下几种。

- Navigator 对象：管理着当前浏览器的版本号、运行的平台以及浏览器使用的语言等信息。属性 AppName 提供字符串形式的浏览器名称；属性 AppVersion 返回浏览器的版本号；AppCodeName 返回用字符串表示的当前浏览器的代码名称。
- Windows 对象：处于整个从属表的顶级位置，包含许多有用的属性、方法和事件驱动名称，用来控制浏览器窗口的显示。其中 open()方法创建一个新的浏览器窗口；close()方法关闭浏览器窗口；alert()方法弹出一个消息框；confirm()方法弹出一个确认框；prompt()方法弹出一个提示框。
- Location 对象：包含当前网页的 URL 地址，使用它可以打开某网页。
- History 对象：包含以前访问过的网页的 URL 地址，使用这个对象可以制作页面中的"前进"和"后退"按钮。
- Document 对象：含有当前网页的各种特性，如标题、背景等。

6.3　实　例　演　示

6.3.1　实例情景——用 JavaScript 完成行为特效

设计制作一个简单的页面，在该页面中，用行为特效完成改变容器的颜色、文本以及文本域内文字内容等操作。

6.3.2　实例效果

网页预览效果如图 6-27 和图 6-28 所示。

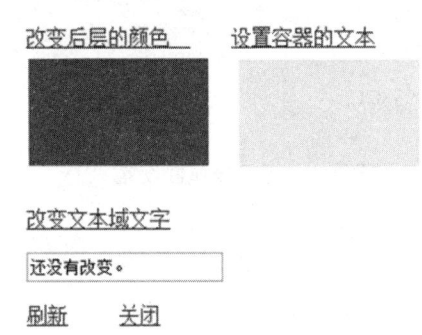

图 6-27　更改相应选项前网页预览效果图

在图 6-28 中，单击"刷新"按钮，可以恢复如图 6-27 所示的初始效果；单击"关闭"按钮，可以关掉当前窗口。

改变后层的颜色　　　设置容器的文本

出现在容器里的文本

改变文本域文字

请把我放在文本域中！

刷新　　　关闭

图 6-28　更改相应选项后网页预览效果图

6.3.3　实现方案

1. 操作思路

准备好图片素材，先制作出基本的界面，再完成行为特效的功能代码。

2. 操作步骤

(1) 新建网页并保存在本地站点中，并命名为 xingwei.html。

(2) 添加页面元素，包括 Div 层、文本域、文本内容等。

(3) 设置样式，如表 6-4 所示。

表 6-4　xingwei.html 页面中样式代码

序　号	CSS 代码
1	#apDiv1 {　　　　　　　　//改变颜色的容器属性设置
2	position:absolute;
3	left:10px;
4	top:41px;
5	width:140px;
6	height:80px;
7	z-index:1;
8	background-color: #9933CC;
9	}
10	#apDiv2 {　　　　　　　　//设置文本的容器属性设置
11	position:absolute;
12	left:174px;
13	top:42px;
14	width:140px;
15	height:80px;
16	z-index:2;
17	background-color: #D9F2FF;
18	}

(4) 设置行为代码，如表 6-5 所示。

表 6-5　xingwei.html 页面中 JavaScript 脚本代码

序　号	JavaScript 脚本代码
1	function MM_changeProp(objId,x,theProp,theValue) { //v9.0
2	var obj = null; with (document){ if (getElementById)
3	obj = getElementById(objId); }
4	if (obj){
5	if (theValue == true || theValue == false)
6	eval("obj.style."+theProp+"="+theValue);
7	else eval("obj.style."+theProp+"='"+theValue+"'");
8	}
9	}
10	function MM_setTextOfLayer(objId,x,newText) { //v9.0
11	with (document) if (getElementById &&
12	((obj=getElementById(objId))!=null))
13	with (obj) innerHTML = unescape(newText);
14	}
15	function MM_displayStatusMsg(msgStr) { //v1.0
16	window.status=msgStr;
17	document.MM_returnValue = true;
18	}
19	function MM_setTextOfTextfield(objId,x,newText) { //v9.0
20	with (document){ if (getElementById){
21	var obj = getElementById(objId);} if (obj) obj.value =
22	newText;
23	}
24	}
25	function MM_callJS(jsStr) { //v2.0
26	return eval(jsStr)
27	}

(5) 在页面合适的位置调用上述脚本代码。

● "改变后层颜色"的代码如下所示。

```
<p><a href="#" onclick="MM_changeProp('apDiv1','','backgroundColor',
'#FF6600','DIV')">改变后层的颜色 </a>
```

● "设置容器的文本"的代码如下所示。

```
<a href="#" onclick="MM_setTextOfLayer('apDiv2','','出现在容器里的
文本')">设置容器的文本</a></p>
```

● "改变文本域文字"的代码如下所示。

```
<p><a href="#" onclick="MM_setTextOfTextfield('textfield','','请把我放
在文本域中！')">改变文本域文字</a>  >/p
```

- "刷新"按钮操作代码如下所示。

```
<p><a href="#" onclick="MM_callJS('Window.location.reload()')">刷新</a>
```

- "关闭"按钮操作代码如下所示。

```
<a href="#" onclick="MM_callJS('window.close()')">关闭</a></p>
```

6.4 任务训练

6.4.1 训练目的

(1) 练习在网页中插入文本和图像。

(2) 练习在网页中插入 Flash 动画。

(3) 练习运用行为特效丰富网页的内容并增强视觉效果。

6.4.2 训练内容

完成预览效果如图 6-29 所示的页面。在该页面中实现的有弹出消息、图片的放大/收缩、图片的显示/渐隐、图片的抖动效果等。

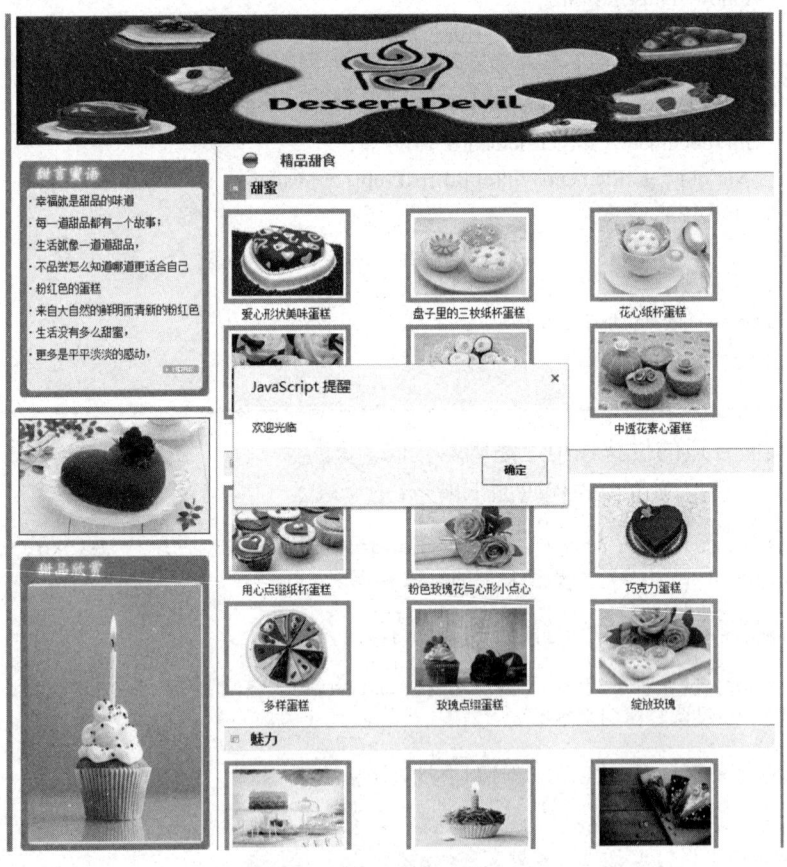

图 6-29　练习页面预览效果图

6.5 知识拓展

1. 如何在页面中加入背景音乐，并控制音乐的播放次数为2次？

答：在 HTML 标签内的任何位置，如<body>和</body>之间插入代码"<bgsound src="音频文件的位置" loop="2"/>"即可实现。

2. 如何用 JavaScript 输出 HTML 标签？

答：运用 Document 对象的 write 方法即可实现，如下述代码即可在页面中输出如图 6-30 所示的效果，这里面便包含了<hn>标签：

```
<html>
<body>
<script type="text/javascript">
document.write("<h1>Hello World!</h1>")
</script>
</body>
</html>
```

Hello World!

图 6-30 用 JavaScript 生成 HTML 标签

单 元 测 试

1. 下列选项中，参数可以设置视频文件自动播放的是(   )。

   A. loop   B. hidden   C. enablejavascript   D. autostart

2. 下面(   )是鼠标经过事件。

   A. onMouseDown   B. onMouseMove

   C. onMouseOver   D. onMouseUp

3. 要想实现打开网页就自动弹出信息对话框的效果，必须在设置行为之前先选中(   )标签。

   A. <body>   B. <img>   C. <font>   D. <table>

4. 选择网页中的图像，为其添加单击时图像不停摇动的效果，应选择添加"行为"→"效果"子菜单中的(   )命令。

   A. 挤压   B. 晃动   C. 滑动   D. 遮帘

第 7 章　认识模板和库

技能目标：

- 掌握模板和库的概念
- 掌握创建和应用模板的方法
- 掌握创建和应用库的方法

7.1　模　　板

制作网页模板是制作网页的一种非常便捷和有效的方法。一般来说，页面被分为若干级，首页是第一级，它是网站的门户，因此一般是独一无二的。由首页进入后就是二级页面，一般分为若干个栏目，每一个栏目进去就是三级页面；当然还可以有更多的层次。内容相似的页面往往使用相同的布局，各页面不同的只是具体内容。制作网站的时候，如果许多网页的某一部分都相同(一般是顶部和底部)，那么可以把这些部分制作成模板，以后新建一个页面就可以从模板页创建。应用模板创建和更新网页的基本流程是：创建模板，编辑模板，使用模板设计网页，最后通过修改模板来更新网页。

7.1.1　创建模板

模板是一种特殊的文档，可以基于模板创建新的网页，从而得到与模板相似但又有所不同的新网页。创建的模板文件保存在站点的 Templates 文件夹内，Templates 文件夹是自动生成的，不能对其进行修改。模板文件扩展名为.dwt。

在 Dreamweaver CS6 中，创建模板一般有 2 种方法：一种是直接创建新的空白模板；另外一种是将已有的网页文件保存为模板文件，然后通过修改，使之符合要求。

1. 创建新的空白模板

打开 Dreamweaver CS6 软件新建页面，然后选择"文件"→ "新建"菜单命令，在弹出的对话框中左侧选择"空白页"，在"页面类型"栏选择"HTML 模板"选项创建模板，还可根据实际情况选择"布局"栏中的样式，默认为"无"，如图 7-1 所示。

创建模板之前必须先建立站点，否则 Dreamweaver CS6 会提示新建站点，这是因为创建的模板页面必须放在站点下才能应用到其他页面中。

2. 将现有网页保存为模板

打开一个已有的网页文档，选择"文件"→"另存为模板"菜单命令创建模板，在弹出的"另存模板"对话框中选择相应的站点，在"另存为"文本框中输入模板的名称，单击"保存"按钮，如图 7-2 所示。

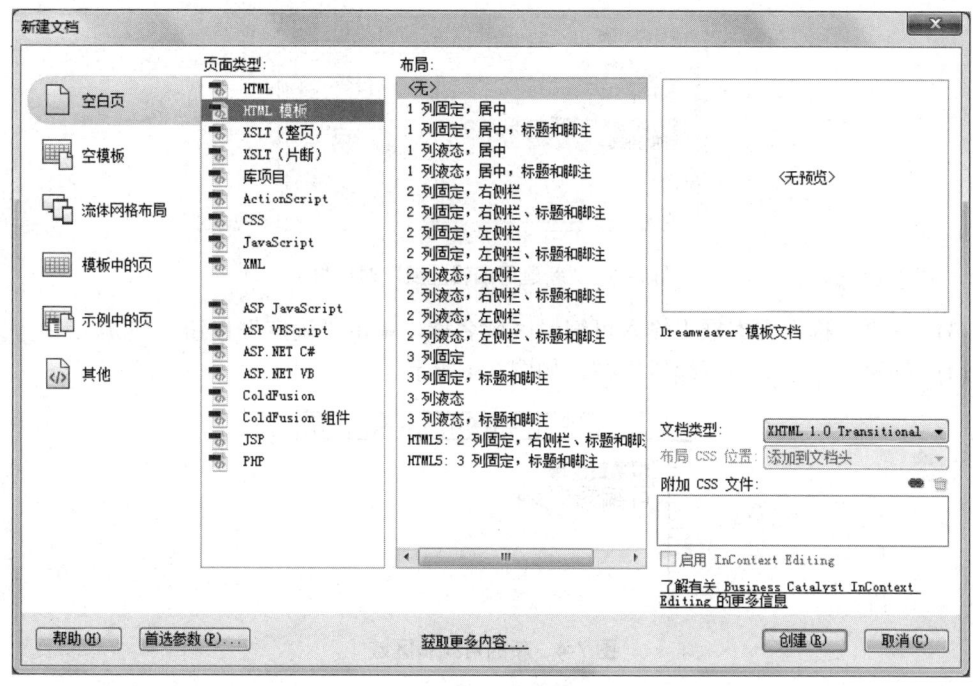

图 7-1　创建空白模板

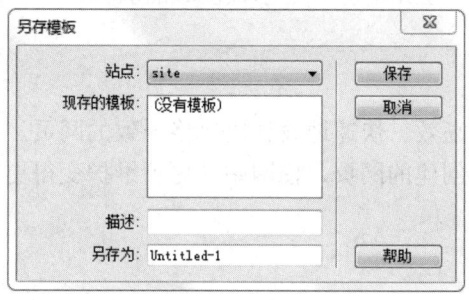

图 7-2　"另存模板"对话框

7.1.2　创建可编辑区域

　　一个模板可以分为可编辑区域和不可编辑区域。在基于模板创建的网页中，用户只能修改网页文档中的可编辑区域，不可编辑区域是被锁定的，可以保护模板的格式和内容不会被修改，省去很多重复的工作，保证网页风格一致。在保存模板时，如果没有定义任何可编辑的区域，那么 Dreamweaver CS6 会提示该模板不包含任何可编辑区域，此时可以保存模板，但不能对基于这个模板创建的网页做任何修改。

　　当新建一个模板或者将已有网页保存为模板时，整个页面都是被锁定的，因此必须把一部分区域设定为可编辑区域，操作如下。

　　(1) 打开模板文件，在文档中选择要定义为可编辑区域的内容。

　　(2) 选择"插入"→"模板对象"→"可编辑区域"菜单命令，打开"新建可编辑区域"对话框，如图 7-3 所示。

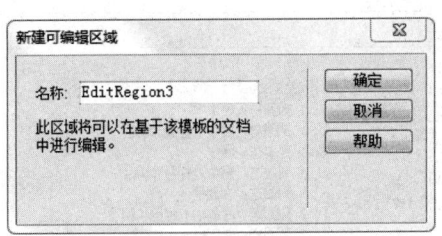

图 7-3   "新建可编辑区域"对话框

(3) 在"名称"文本框中输入可编辑区域名称,单击"确定"按钮。

(4) 创建了一个新的可编辑区域,如图 7-4 所示。

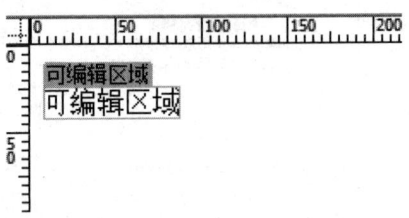

图 7-4   新的可编辑区域

由图 7-4 可见,可编辑区域在模板中由高亮显示的矩形边框围绕,该边框使用在首选参数中设置的高亮颜色,左上角的标签显示该区域的名称。

7.1.3   管理模板

创建模板主要是为了高效、快速地设计出风格一致的网页。在需要时,可以通过对模板的修改来更新使用模板创建的网页,使网站的更新维护变得更轻松。下面学习模板的相关操作。

1. 编辑模板

对一个已经创建好的模板,可以选择"窗口"→"资源"菜单命令,打开"资源"面板,如图 7-5 所示。

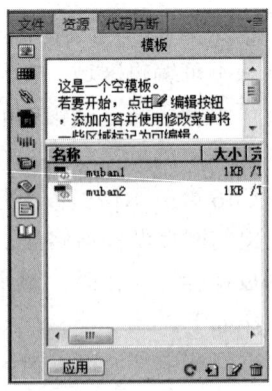

图 7-5   "资源"面板

从模板列表中选择需要编辑的模板,单击底部的 按钮,即可对模板进行编辑。或者在"资源"面板中双击需要编辑的模板,也可以对它进行修改。

2. 应用模板

创建模板的目的在于应用,应用模板生成网页一般有如下 2 种方法。

1) 从模板新建网页

选择"文件"→"新建"菜单命令,打开"新建文档"对话框,在左侧选择"模板中的页"选项,如有多个模板,可以选择应用哪个模板生成新的网页,如图 7-6 所示。

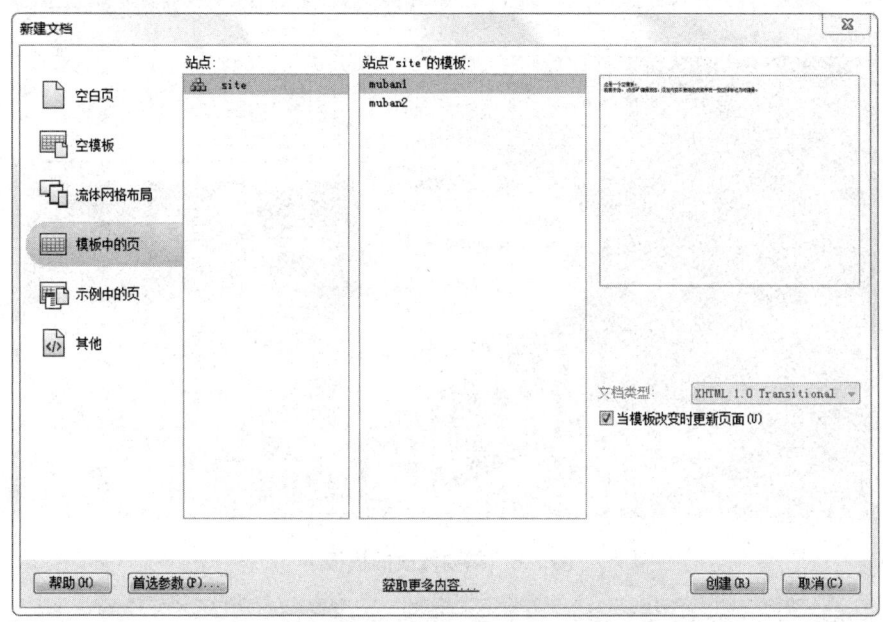

图 7-6 "新建文档"对话框

单击"创建"按钮后,就可以利用模板中的可编辑区域进行编辑了。

2) 在已有的网页中应用模板

打开需要应用模板的网页文档,选择"修改"→"模板"→"应用模板到页"菜单命令,打开"选择模板"对话框,选择相应模板,单击"选定"按钮,就可将模板应用到该网页,如图 7-7 所示。

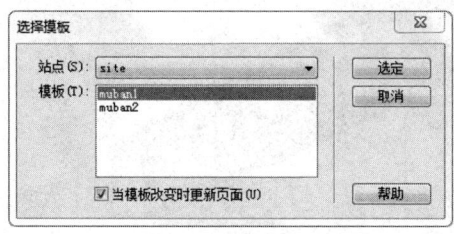

图 7-7 "选择模板"对话框

或在"资源"面板的"模板"选项卡中选择所需模板,单击底部的 按钮,即可应用模板。

3. 更新模板

在一个网站中，如果所有页面都是基于一个或者几个模板来创建的，当要对页面中的某些共同的地方修改时，只需要修改模板来同步就可以了，这使用户的维护、更新工作变得简单、高效，也正是模板的作用。

修改模板和更新基于模板创建的页面的具体操作步骤如下。

(1) 打开需要修改的模板。

(2) 对模板进行编辑，将模板顶部插入的 Flash 文件删除，如图 7-8、图 7-9 所示。

图 7-8　需要修改的模板

图 7-9　修改后的模板

(3) 编辑完成后，选择"文件"→"保存"菜单命令，这时使用当前模板创建的网页文件会进行相应的更新，如图 7-10 所示。

图 7-10　更新后的页面

4．模板的分离

使用了模板的文档总会受到模板的限制。如果用户既想套用模板的格式，又想任意修改可编辑区域和不可编辑区域的内容，那么可以让基于模板的网页文档脱离模板的控制。操作方法如下。

(1) 打开需要将模板分离的网页文档。

(2) 选择"修改"→"模板"→"从模板中分离"菜单命令，则当前页面与模板分离，如图 7-11 所示。

图 7-11　"从模板中分离"命令

(3) 此时页面中的不可编辑区域将自动变为可编辑区域，用户可以对网页的任何部分进行编辑，如图 7-12 所示。

图 7-12　从模板分离后的网页

5. 重命名模板

对模板文件进行重命名操作的方法如下。

● 在"模板"选项卡中，单击要重新命名的模板项名称，使其处于可编辑状态，输入文本即可。

● 单击"模板"选项卡面板右上角的下拉按钮，在弹出的下拉菜单中选择"重命名"命令。

● 选择要重新命名的模板项名称，右击，在弹出的快捷菜单中选择"重命名"命令。

6. 删除模板

删除模板的方法如下。

● 在"模板"选项卡中，单击要删除的模板项，单击面板右下角的"删除"按钮。

● 单击"模板"选项卡面板右上角的下拉按钮，在弹出的下拉菜单中选择"删除"命令。

● 选择要重新命名的模板项名称，右击，在弹出的快捷菜单中选择"删除"命令。

7.2　库

如果说应用模板是为了避免重复创建网页的框架，那么应用库项目则是为了避免重复输入网页中的内容。所谓库项目，实际上是一种特殊的 Dreamweaver 文件，一般是在多个网页中会被多次重复使用到的内容或者它们的组合，如版权的声明、邮箱、地址和电话等。

在 Dreamweaver CS6 中，可以将网页中的任何内容存储为库项目。库项目可以在其他网页的任意位置被调用；当对一个库项目进行编辑后，可以同步所有使用了该库项目的网页，从这一点上来说，库和模板是一样的，可以使用户的工作变得简单而高效。

7.2.1 创建库文件

在网页中，凡是位于<body></body>之间的 HTML 元素都可以作为库项目。创建库项目有 2 种方法：新建库项目和将网页中已有的内容转换为库项目。

1. 新建库项目

(1) 选择"窗口"→"资源"菜单命令，打开"资源"面板，单击 按钮，进入"库"选项卡，如图 7-13 所示。

图 7-13 打开"资源"面板

此时在"库"选项卡里没有任何库项目，在面板下方有 4 个按钮，分别是 (刷新站点列表)按钮、 (新建库项目)按钮、 (编辑)按钮和 (删除)按钮。

(2) 单击"新建库项目"按钮，输入库名称即可，如图 7-14 所示。

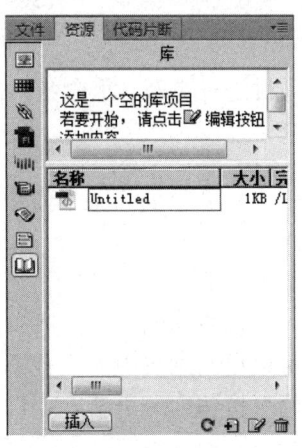

图 7-14 保存库项目

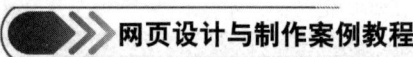

2. 将网页中已有的内容转换为库项目

(1) 在网页中选定要创建成库项目的元素，如在某网站中每个页面都会出现的页眉部分，如图 7-15 所示。

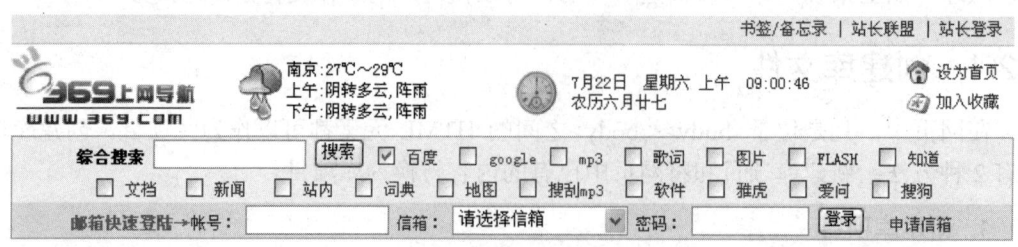

图 7-15　选定要创建成库项目的元素

(2) 选择"修改"→"库"→"增加对象到库"菜单命令，或在"资源"面板中单击"库"按钮，打开"库"选项卡。单击"新建库项目"按钮，即可在"库"选项卡中新建库项目，在"名称"列中输入库项目的名称，按 Enter 键即可，如图 7-16 所示。

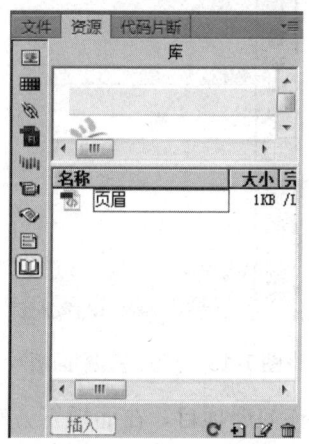

图 7-16　将已有对象保存为库项目

7.2.2　编辑库项目

创建库项目后，还可以对库项目进行更新、重命名、删除等操作，下面分别进行介绍。

1. 库项目的更新

(1) 选择"修改"→"库"→"更新页面"菜单命令，打开"更新页面"对话框，如图 7-17 所示。

(2) 在"查看"下拉列表中选择需要的选项。

(3) 选中"库项目"复选框，可以更新站点中的所有库项目。

(4) 选中"模板"复选框，可以更新站点中的所有模板。

(5) 设置完成后，单击"开始"按钮即可更新库项目。

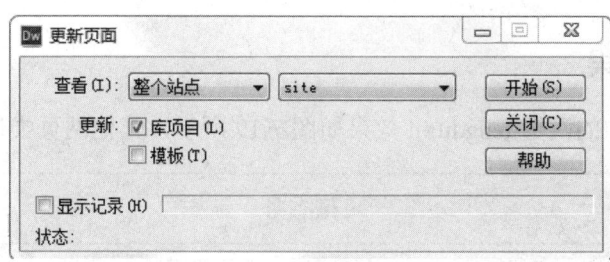

图 7-17 "更新页面"对话框

2. 重命名库项目

(1) 在"库"选项卡中选择要重命名的库项目。

(2) 执行下列操作之一，输入新名称即可。

● 右击，在弹出的快捷菜单中选择"重命名"命令。

● 单击"库"选项卡右上角的下拉按钮，从中选择"重命名"命令。

● 单击库项目，库项目变成可编辑状态后输入名称。

3. 删除库项目

(1) 在"库"选项卡中选择要删除的库项目。

(2) 单击面板右下角的"删除"按钮。

7.2.3 为页面添加库项目

创建好库项目后，即可在网页制作过程中将其应用到相应的网页上。

(1) 打开一个网页，在"资源"面板中选择要应用的库项目。

(2) 单击"库"选项卡左下角的"插入"按钮，即可将库项目应用到网页上。这时库项目以高亮显示，如图 7-18 所示。

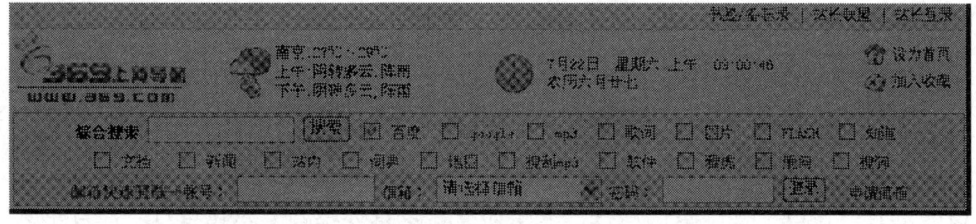

图 7-18 插入网页的库项目

7.3 实 例 演 示

7.3.1 实例情景——制作风花雪月网站

网站网页的设计大部分是一致的。当制作完成多个网页后，若要更新网站，逐一修改文件十分麻烦。而引用模板，就可以轻松构建和更新网站。本实例是利用模板制作大理四绝"风、花、雪、月"的不同 4 个页面。

7.3.2 实例效果

风花雪月网站中的网页 feng.html 效果如图 7-19 所示，其他网页类似。

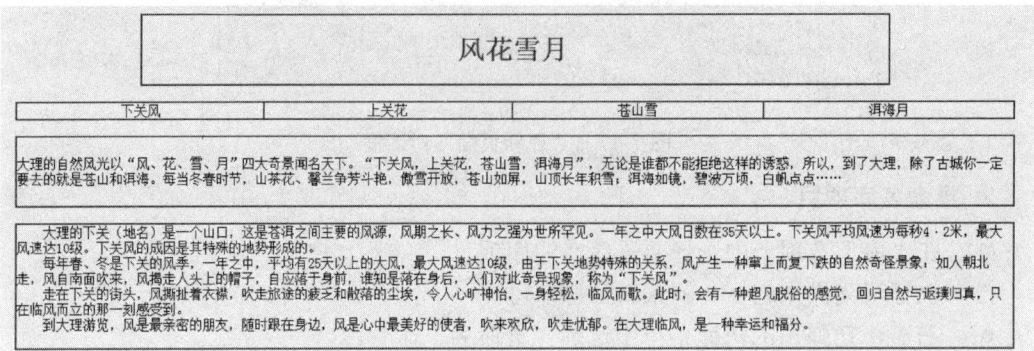

图 7-19　网页 feng.html 效果图

7.3.3 实现方案

1．操作思路

先制作一个页面，将其制作成模板，然后基于模板创建风、花、雪、月各页面。

2．具体步骤

1)　制作模板

(1)　新建站点 fhxy，如图 7-20 所示。

图 7-20　新建站点 fhxy

(2)　新建一个文档，命名为 index.html。

(3)　选择"修改"→"页面属性"菜单命令，设置标题为"风花雪月"，背景颜色为"#ffff99"。

(4)　插入一个 1 行 1 列的表格，如图 7-21 所示。设置表格居中，单元格高度为 80px。在单元格中输入文字"风花雪月"，字号为"24"，字体颜色"#ff0000"，文字居中，效果如图 7-22 所示。

(5)　换行再插入一个 1 行 4 列表格，宽度 1200px，居中。在 4 个单元格中分别输入"下关风""上关花""苍山雪""洱海月"，居中显示，如图 7-23 所示。

(6)　在第 3 行中插入一个 1 行 1 列表格，宽度 1200px，高度 80px，居中显示。在单元格中输入文字，如图 7-24 所示。

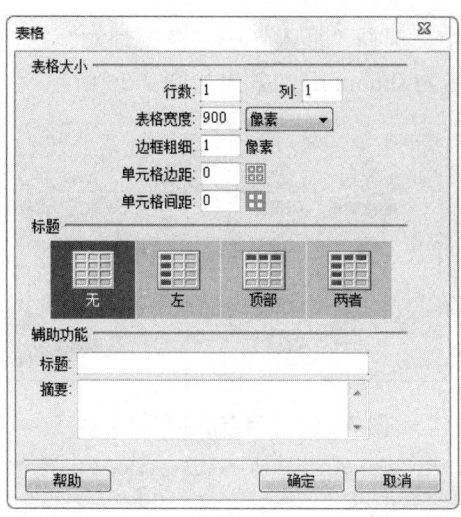

图 7-21　设置表格属性

图 7-22　输入标题

图 7-23　插入表格

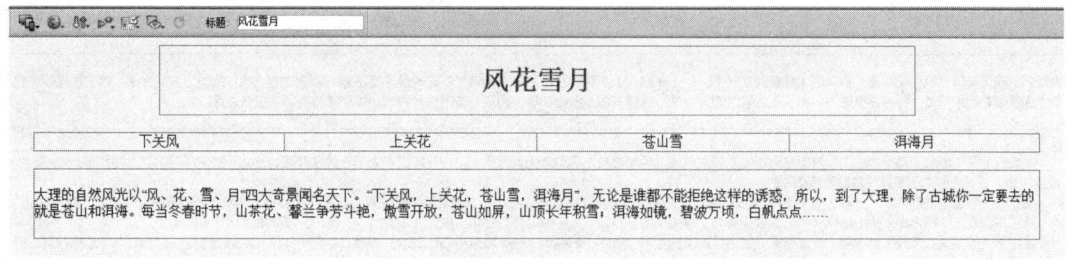

图 7-24　输入文字

(7) 创建模板。选择"文件"→"另存为模板"菜单命令，打开"另存模板"对话框，将当前网页另存为模板，命名为 muban1，如图 7-25 所示。

(8) 设置可编辑区域。刚才制作的模板没有可编辑区域，不符合我们的要求。首先在下一行插入一个 1 行 1 列的表格，宽度 1200px，居中显示。选中第 2 行表格，选择"插入"→"模板对象"→"可编辑区域"菜单命令，在弹出的对话框中将其命名为 mulu。再将光标置于第 4 行表格单元格中，选择"插入"→"模板对象"→"可编辑区域"菜单命令，在弹出的对话框中将其命名为 shuoming，效果如图 7-26 所示。

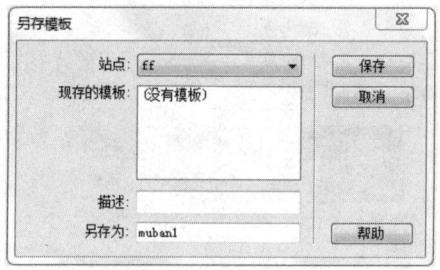

图 7-25 "另存模板"对话框

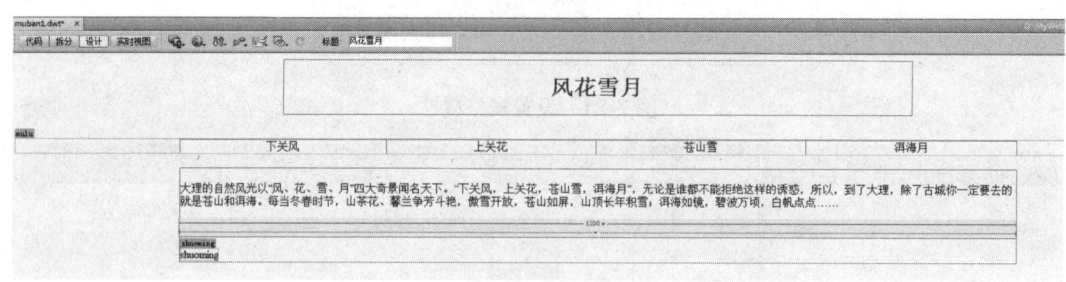

图 7-26 设置可编辑区域

2) 用模板制作网页

(1) 新建 4 个网页 feng.html、hua.html、xue.html、yue.html。

(2) 打开网页 feng.html，在"资源"面板中选中模板 muban1.dwt，单击"应用"按钮，将其应用到网页。在可编辑区域 shuoming 中输入文字，其效果如图 7-27 所示。

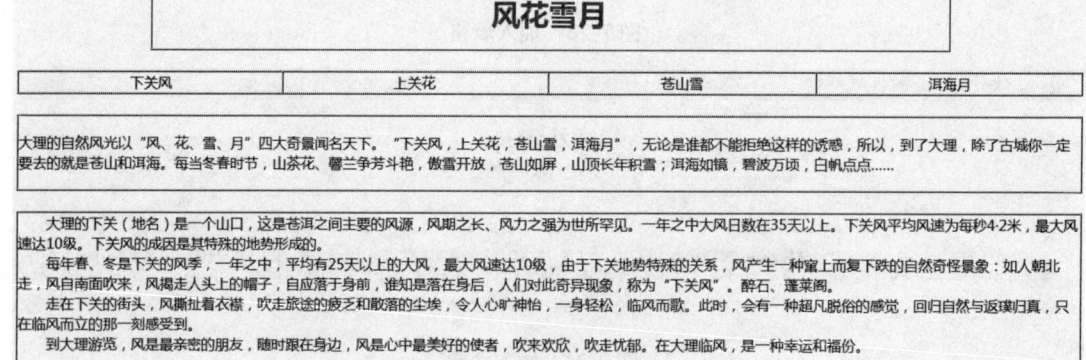

图 7-27 feng.html 页面添加文字效果

(3) 用同样的做法打开其他 3 个网页，应用模板到网页上，在可编辑区域 shuoming 里输入相应文字，并进行保存，如图 7-28～图 7-30 所示。

(4) 给各个网页的目录部分做链接，例如，给网页 feng.html 中的目录"上关花"做链接，如图 7-31 所示。其余链接照此操作即可。

风花雪月

| 下关风 | 上关花 | 苍山雪 | 洱海月 |

大理的自然风光以"风、花、雪、月"四大奇景闻名天下。"下关风，上关花，苍山雪，洱海月"，无论是谁都不能拒绝这样的诱惑，所以，到了大理，除了古城你一定要去的就是苍山和洱海。每当冬春时节，山茶花、馨兰争芳斗艳，傲雪开放，苍山如屏，山顶长年积雪；洱海如镜，碧波万顷，白帆点点......

上关（地名）是一片开阔的草原，鲜花铺地，姹紫嫣红，人称"上关花"；大理气候温和湿润，"冬止于凉，暑止于温"，最宜于花木生长。于是，爱花养花也成了白族人民的一种生活习俗。

来大理古城看花，最好的地方，就是玉洱园。大理的茶花，当数这里的最多，最好。要说玉洱园里的茶花，其实全是几米高茶花树了，花期一到，大如碗口的花朵从树顶一直缀到树根，像挂满了好看的彩球，有种说不出的喜庆。听说这种木本的茶花，只有大理才有，这真是大理人的福份。也有人从苍山上采下山茶花来，花枝不大，也没什么形状，但经过雪风吹过，雪水浸过的花儿，叶子是油绿绿的，花朵柔韧肥厚，似乎全然没有把风雪放在心上，咧着嘴笑开了，有一种山民般的天然纯真，是大理最好的花儿。

图 7-28　hua.html 页面添加文字效果

风花雪月

| 下关风 | 上关花 | 苍山雪 | 洱海月 |

大理的自然风光以"风、花、雪、月"四大奇景闻名天下。"下关风，上关花，苍山雪，洱海月"，无论是谁都不能拒绝这样的诱惑，所以，到了大理，除了古城你一定要去的就是苍山和洱海。每当冬春时节，山茶花、馨兰争芳斗艳，傲雪开放，苍山如屏，山顶长年积雪；洱海如镜，碧波万顷，白帆点点......

经夏不消的苍山雪，是素负盛名的大理"风花雪月"四景之一，也是苍山景观中的一绝。寒冬时节，百里点苍，白雪皑皑，阳春三月，雪线以上仍堆银垒玉。最高峰马龙峰的积雪更是终年不化，盛夏时节山腰以上苍翠欲滴，而峰巅仍紫云在戴雪。

苍山花卉，品种繁多。云南的八大名花，即山茶花、杜鹃花、玉兰花、报春花、百合花、龙胆花、兰花、绿绒蒿，在苍山都寻找得到踪迹。

大理苍山小径曲折险峭，过去上苍山探奇揽胜攀爬十分困难。现有游览索道坐着上山。如果你不愿乘坐缆车上山的话，也可在古镇上租马匹上下山，也是一种别样的感受

图 7-29　xue.html 页面添加文字效果

风花雪月

| 下关风 | 上关花 | 苍山雪 | 洱海月 |

大理的自然风光以"风、花、雪、月"四大奇景闻名天下。"下关风，上关花，苍山雪，洱海月"，无论是谁都不能拒绝这样的诱惑，所以，到了大理，除了古城你一定要去的就是苍山和洱海。每当冬春时节，山茶花、馨兰争芳斗艳，傲雪开放，苍山如屏，山顶长年积雪；洱海如镜，碧波万顷，白帆点点......

洱海的水，透明度较高，湖面碧波荡漾，每当风和日丽的夜晚，行近洱海之滨，仰望天空，玉镜高悬，俯视海面，地涌银涛，水光接天，万顷茫然，一轮明月在海中随波飘荡，洱海月色，令人惊叹。

天空极蓝，星光虽然暗淡，但是星星点点，缀满天庭。洱海古称叶榆泽，因形如人耳而得名洱海。夜晚的洱海更加妩媚迷人。抬头望天上之月，低头看水中之月。一首歌中唱到："天上有个月亮，水中有个月亮......"这美丽的景色，在洱海的月夜更加体会深刻。身临其境之际，仰望夜空，玉镜高悬，俯视洱海，玉镜漂浮，惊叹不已的同时，也为人间天上之佳景而感叹不已。

图 7-30　yue.html 页面添加文字效果

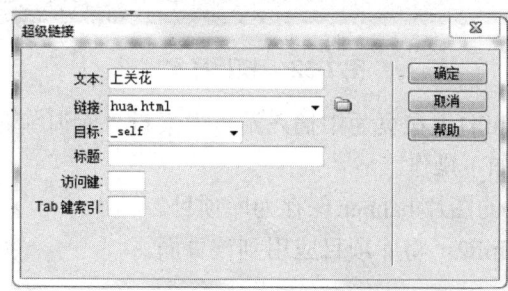

图 7-31　添加链接

7.4 任务训练——模板应用

7.4.1 训练目的

(1) 练习模板的新建、应用和更新。

(2) 练习库的新建、应用和更新。

7.4.2 训练内容

(1) 打开站点中素材"模板训练\模板样本"文件，如图 7-32 所示，做如下操作。

① 新建一个网页文档，将此模板应用于网页。

② 在网页可编辑区域添加任意内容。

③ 打开模板，在模板底部的不可编辑区域添加网页信息，使之同步到应用了该模板的网页。

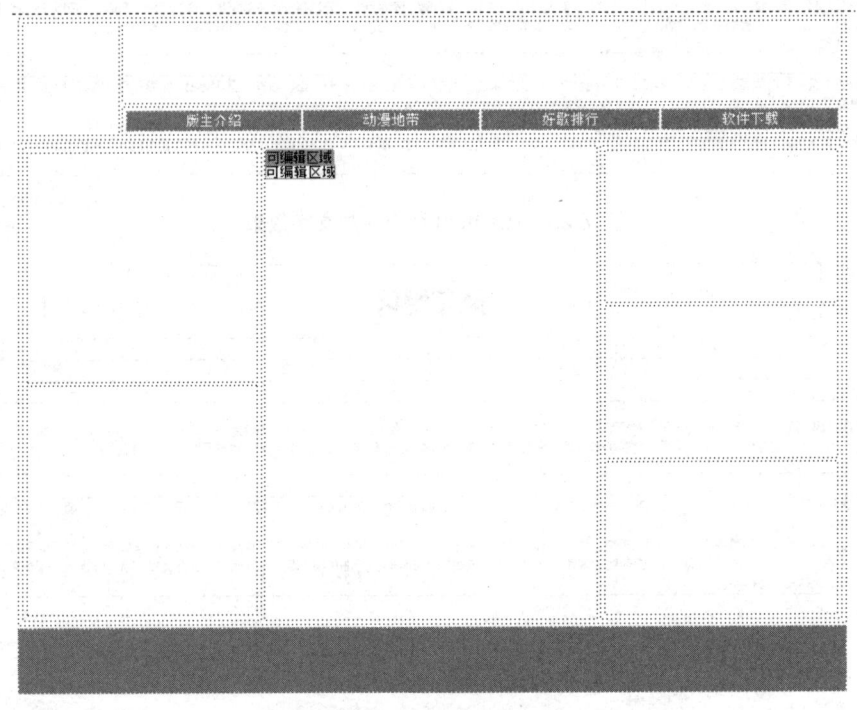

图 7-32 "模板样本"

(2) 新建一个页面 shili1，在页面中插入站点中素材"库训练\img"文件夹中的文件，如图 7-33 所示，然后做如下操作。

① 将页面 shili1 中的图片 banner 保存为库项目。

② 新建一个页面 shili2，将库项目应用到该页面。

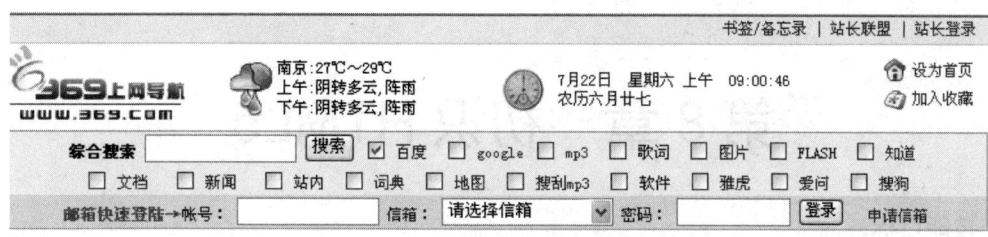

图 7-33 图片 "banner"

7.5 知识拓展

1. 如何将已有的网页保存为模板?

答: 打开要保存为模板的网页文档, 选择 "文件" → "另存为模板" 菜单命令, 在弹出的 "另存模板" 对话框中选择相应的站点, 在 "另存为" 文本框中输入模板的名称, 单击 "保存" 按钮。

2. 如何让基于模板的网页文档脱离模板的控制?

答: (1)打开需要将模板分离的网页文档; (2)选择 "修改" → "模板" → "从模板中分离" 菜单命令, 则当前页面与模板分离。

单元测试

1. 模板文件的扩展名是( )。

    A. .ess   B. .dwt   C. .dll   D. .htm

2. 以下( )选项不是模板的区域类型。

    A. 可编辑区域   B. 可选区域   C. 重复区域   D. 可插入区域

3. 当我们只需要把库元素中的内容加到页面中, 而不需要和库进行关联时, 可以在拖动库元素到网页的同时按住( )键。

    A. Ctrl   B. Alt   C. Shift   D. Alt+Shift

4. 模板的创建有两种方式, 分别是( )。

    A. 新建层, 保存模板   B. 新建网页, 保存网页

    C. 新建模板, 保存层   D. 新建模板, 已有网页保存为模板

5. 模板和库是( )的得力助手。

    A. 批量制作网页   B. 单一制作网页   C. 表格   D. 表单

第8章　初识 HTML5

技能目标：

- 掌握 video 制作视频的方法
- 掌握 audio 制作音频的方法
- 掌握 Canvas 绘制图形的方法
- 掌握 Canvas 完成基本图像处理的方法

HTML5 是下一代 Web 语言的标准，具有兼容性好、安全性高、功能丰富、开发便捷等优点，特别适用于 Web 操作系统一类的客户端互联网应用的前端开发。本章将简单介绍 HTML5 新增的 video、audio 和 Canvas 等，使读者对 HTML5 有个初步了解，方便今后继续深入学习。

8.1　HTML5 概述

8.1.1　HTML5 简介

HTML 是超文本标记语言(HyperText Markup Language)，使用标记标签(markup tag)来描述网页，并不是一种编程语言。

HTML5 是 W3C(World Wide Web Consortium，万维网联盟)和 WHATWG (Web Hypertext Application Technology Working Group)合作的结果。WHATWG 致力于 Web 表单和应用程序，而 W3C 专注于 XHTML 2.0。在 2006 年，双方决定进行合作，来创建一个新版本的 HTML。2014 年 10 月 29 日，万维网联盟宣布，HTML5 标准规范终于最终制定完成了，并已公开发布。

支持 HTML5 的浏览器包括 Chrome(谷歌浏览器)、Firefox(火狐浏览器)、IE9 及其更高版本、Safari、Opera 等；国内的遨游浏览器(Maxthon)以及基于 IE 或 Chromium(Chrome 的工程版或称实验版)推出的 360 浏览器、搜狗浏览器、QQ 浏览器、猎豹浏览器等国产浏览器同样具备支持 HTML5 的能力。

8.1.2　HTML5 的新特性

HTML5 将会取代 1999 年制定的 HTML 4.01、XHTML 1.0 标准，以期能在互联网应用迅速发展的时候，使网络标准符合当代的网络需求，为桌面和移动平台带来无缝衔接，它取消了一些过时的 HTML 标记，提供了一些新的元素和属性。

- 用于媒介回放的 video 和 audio 元素。
- 用于绘画的 Canvas 元素。
- 对本地离线存储的更好的支持。
- 新的特殊内容元素，如 article、footer、header、nav、section。

- 新的表单控件，如 calendar、date、time、email、url、search。

8.1.3 HTML5 的优点

HTML5 具有以下几方面的优点。

1. 网络标准

HTML5 本身是由 W3C 推荐的，通过谷歌、苹果、诺基亚、中国移动等几百家公司一起酝酿的技术，这个技术最大的好处在于它是公开的。换句话说，每一个公开的标准都可以根据 W3C 的资料库找寻根源。另一方面，W3C 通过的 HTML5 标准，也就意味着每一个浏览器或每一个平台都会去实现。

2. 多设备跨平台

HTML5 的优点主要在于可以进行跨平台的使用。如开发了一款 HTML5 的游戏，可以移植到 UC 的开放平台、Opera 的游戏中心、Facebook 应用平台，甚至可以通过封装的技术发布到 App Store 或 Google Play 上，所以它的跨平台性非常强大。

3. 自适应网页设计

同一张网页自动适应不同大小的显示器宽度，即"一次设计，普遍适用"，根据屏幕宽度，自动调整布局(Layout)。

4. 即时更新

更新 HTML5 游戏就像更新页面一样，是马上的、即时的更新。

8.2 HTML5 视频

HTML5 的新视频元素为网站视频提供了极大的方便，支持新的视频格式，能在网页上高效地播放多种格式的高质量视频。

8.2.1 HTML5 视频简介

目前大多数网页上的视频是通过插件(如 Flash)来显示的。然而，并非所有浏览器都拥有同样的插件。HTML5 规定了一种通过 video 元素来包含视频的标准方法，如图 8-1 所示。

1. 视频格式

当前，video 元素支持 3 种视频格式，如表 8-1 所示。

- Ogg 格式。指带有 Theora 视频编码和 Vorbis 音频编码的 Ogg 文件。
- MPEG4 格式。指带有 H.264 视频编码和 AAC 音频编码的 MPEG 4 文件。
- WebM 格式。指带有 VP8 视频编码和 Vorbis 音频编码的 WebM 文件。

图 8-1　HTML5 视频效果

表 8-1　video 元素支持的 3 种视频格式

序　号	格　式	IE	Firefox	Opera	Chrome	Safari
1	Ogg	No	3.5+	10.5+	5.0+	No
2	MPEG4	9.0+	No	No	5.0+	3.0+
3	WebM	No	4.0+	10.6+	6.0+	No

2. <video>标签的属性

HTML5 中<video>标签的属性如表 8-2 所示。

表 8-2　HTML5 中<video>标签的属性

序　号	属　性	值	描　　述
1	autoplay	autoplay	如果出现该属性，则视频在就绪后马上播放
2	controls	controls	如果出现该属性，则显示控件，如播放按钮
3	height	pixels	设置视频播放器的高度
4	loop	loop	如果出现该属性，则当媒介文件完成播放后再次开始播放
5	preload	preload	如果出现该属性，则在页面加载时视频进行加载，并预备播放。如果使用 autoplay，则忽略该属性
6	src	url	要播放视频的 URL
7	width	pixels	设置视频播放器的宽度

8.2.2　HTML5 视频实例

实现图 8-1 视频效果的操作步骤如下。

(1) 在本地站点中创建文件夹 chapter08，并在该文件夹下新建 media 文件夹，并将素材 movie.ogg 复制到其中，同时新建文档，如图 8-2 所示。

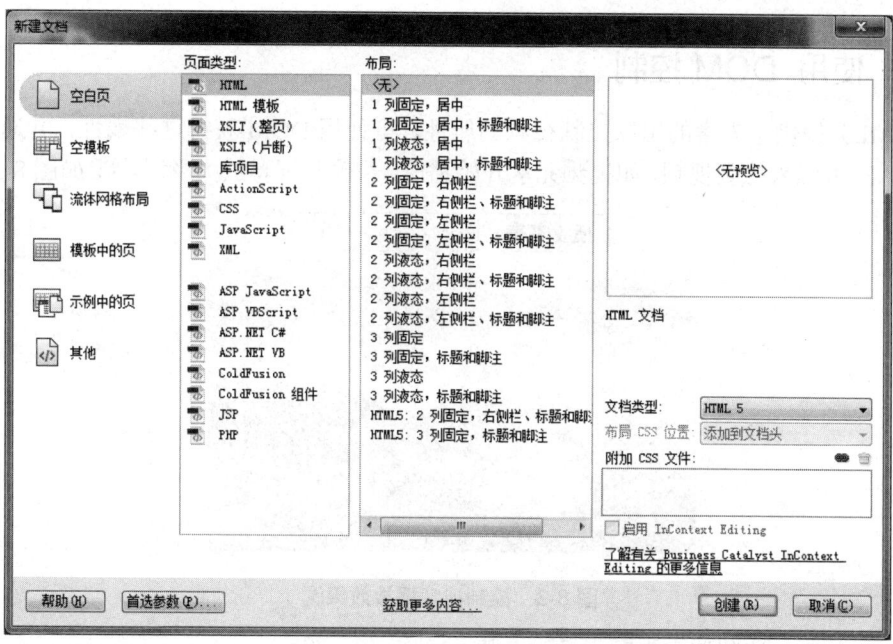

图 8-2　Dreamweaver CS6 中新建 HTML5 网页

（2）在"新建文档"对话框中设置"页面类型"为 HTML、"文档类型"为 HTML5，单击"创建"按钮后保存在 chapter08 根目录下，文件名为 video.html。本章后续实例新建文档操作方法一致。

（3）在"代码"视图下添加如表 8-3 所示代码，完成图 8-1 的视频效果。

表 8-3　HTML5 视频演示代码

序　号	HTML 代码
1	<!doctype html>
2	<html>
3	<head>
4	<meta charset="utf-8">
5	<title>视频演示</title>
6	</head>
7	<body>
8	<video width="320" height="240" controls>
9	<source src="media/movie.ogg" type="video/ogg">
10	<source src="media/movie.mp4" type="video/mp4">
11	Your browser does not support the video tag.
12	</video>
13	</body>
14	</html>

8.2.3 使用 DOM 控制

HTML5 提供了丰富的用以控制视频的属性，可使用 DOM 获得这些属性，并通过控制视频的 API 方法来控制视频，如视频元素开始播放、暂停与屏幕放大/缩小等，如图 8-3 所示。

图 8-3 控制视频播放效果图

HTML5 视频控制拥有多种方法，如表 8-4 所示。

表 8-4 视频的控制方法

序 号	方 法	描 述
1	play()	播放视频
2	pause()	暂停播放
3	load()	重新加载视频元素
4	canPlayType()	检查是否支持特定视频格式
5	addTextTrac()	向视频添加一个新的文本轨道

在"代码"视图下添加如表 8-5 所示代码，完成图 8-3 的视频效果。

表 8- 5 控制视频播放代码

序 号	HTML 代码
1	<!doctype html>
2	<html>
3	<head>
4	<meta charset="utf-8">
5	<title>DOM 控制</title>
6	</head>
7	<body>
8	<Div style="text-align:center;">
9	<button onclick="playPause()">播放/暂停</button>
10	<button onclick="makeBig()">大</button>

序 号	HTML 代码
11	`<button onclick="makeNormal()">中</button>`
12	`<button onclick="makeSmall()">小</button>`
13	` `
14	`<video id="video1" width="420" style="margin-top:15px;">`
15	`<source src="media/mov_bbb.mp4" type="video/mp4" />`
16	`<source src="media/mov_bbb.ogg" type="video/ogg" />`
17	`    Your browser does not support HTML5 video.`
18	`</video>`
19	`</Div>`
20	`<script type="text/javascript">`
21	`var myVideo=document.getElementById("video1");`
22	`function playPause()         //播放/暂停`
23	`{`
24	`  if (myVideo.paused)`
25	`    myVideo.play();`
26	`  else`
27	`    myVideo.pause();`
28	`}`
29	`function makeBig()          //大`
30	`{`
31	`  myVideo.width=560;`
32	`}`
33	`function makeSmall()        //小`
34	`{`
35	`  myVideo.width=320;`
36	`}`
37	`function makeNormal()     //中，即正常`
38	`{`
39	`  myVideo.width=420;`
40	`}`
41	`</script>`
42	`</body>`
43	`</html>`

8.3　HTML5 音频

HTML5 的新音频元素为网站音频提供了极大的方便，能高效地播放多种格式的高质量音频。

8.3.1　HTML5 音频简介

网页上播放音频的标准目前仍然不存在，大多数音频是通过插件来播放的，但并非所有浏览器都拥有同样的插件。HTML5 规定了一种通过 audio 元素来包含音频的标准方法，audio 元素能够播放声音文件或者音频流。HTML5 音频效果如图 8-4 所示。

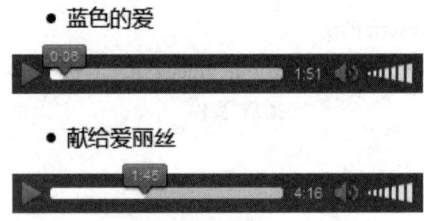

图 8-4　HTML5 音频效果图

1. 音频格式

audio 元素支持 3 种音频格式，如表 8-6 所示。

表 8-6　audio 元素支持的 3 种音频格式

序　号	格　　式	IE	Firefox	Opera	Chrome	Safari
1	Ogg Vorbis		√	√	√	
2	MP3	√			√	√
3	Wav		√	√		√

2. <audio>标签的属性

HTML5 中<audio>标签的属性如表 8-7 所示。

表 8-7　HTML5 中<audio>标签的属性

序　号	属　　性	值	描　　述
1	autoplay	autoplay	如果出现该属性，则音频在就绪后马上播放
2	controls	controls	如果出现该属性，则显示控件，比如播放按钮
3	loop	loop	如果出现该属性，则每当音频结束时重新开始播放
4	preload	preload	如果出现该属性，则在页面加载时音频进行加载，并预备播放。如果使用 autoplay，则忽略该属性
5	src	url	要播放音频的 URL

8.3.2　HTML5 音频实例

在本地站点中创建文件夹 chapter08，并在该文件夹下新建 audio 文件夹，将素材 movie.ogg、bluelove.mp3 和 xgals.mp3 复制到其中，同时新建 audio.html。在"代码"视图下添加如表 8-8 所示代码，完成图 8-4 的音频效果。

表 8-8　音频实例代码

序　号	HTML 代码
1	<!doctype html>
2	<html>
3	<head>
4	<meta charset="utf-8">
5	<title>音频演示</title>
6	</head>
7	<body>
8	<ul>
9	<li>蓝色的爱
10	</li>
11	</ul>
12	<audio controls>
13	<source src="media/bluelove.ogg" type="audio/ogg">
14	<source src="media/bluelove.mp3" type="audio/mpeg">
15	Your browser does not support the audio element.
16	</audio>
17	<ul>
18	<li>
19	献给爱丽丝
20	</li>
21	</ul>
22	<audio controls>
23	<source src="media/xgals.ogg" type="audio/ogg">
24	<source src="media/xgals.mp3" type="audio/mpeg">
25	Your browser does not support the audio element.
26	</audio>
27	</body>
28	</html>

8.4　初识 Canvas

Canvas 元素使用 JavaScript 在网页(画布)上绘制各种图形,包括路径、矩形、圆形,以及添加图像等操作。画布是定义的一个矩形区域,可以在其中控制每一个像素。Canvas 对 HTML5 有着重要意义,与 JavaScript 配合使用,可制作出漂亮的动画与游戏。

8.4.1　Canvas 简介

Canvas 一般翻译为"画布"。在 HTML5 中,Canvas 是一个新的 HTML 元素,可以通过 Script 语言(通常是 JavaScript)来绘制图形。

HTML5 的矢量绘图功能由 Canvas 标签和各种绘图 API 构成。在 JavaScript 的脚本中,通过 Canvas 节点可以获得绘图上下文,再通过上下文调用 API,就可以绘制出各种矢量图。使用 Canvas,通常有如下要求。

- Canvas 是一个矩形区域,不能为圆。
- 通过 JavaScript,使 Canvas 绘制各种图像。
- Canvas 区域中的每一个像素都可控,即所谓的像素级操作。
- Canvas 拥有多种绘制路径、矩形、圆形、字符以及添加图像的方法。
- Canvas 不需要插件,具有跨平台的优势,与 Flash、SVG 和 VML 等不同。
- Canvas 具有多种操作函数和方法,比 SVG 和 VML 简单易懂。
- 只要支持 HTML5 标准的浏览器,都可以运行 Canvas。

☞ 提示:　① SVG 指可伸缩矢量图形(Scalable Vector Graphics)。
　　　　　② VML 指矢量可标记语言(Vector Markup Language)。

1. 创建 Canvas 元素

下列语句向 HTML5 页面添加 Canvas 元素,规定元素的 id、宽度 width 和高度 height:

```
<canvas id="myCanvas" width="200" height="100"></canvas>
```

☞ 提示:　① id 属性不是 Canvas 元素专有的,任何一个 HTML 元素都可以指定其 id 值。通过 id 值,可以很方便地在 JavaScript 中引用(操作)它。
　　　　　② 宽度 width 和高度 height 是 Canvas 画布的大小,以像素(px)为单位。

2. 通过 JavaScript 来绘制

Canvas 元素本身是没有绘图能力的。所有的绘制工作必须在 JavaScript 内部完成,通过 getElementByID()方法取得 Canvas 对象的 DOM 节点;通过 Canvas 元素对象的 getContext() 方法来获取其渲染上下文(目前的 Canvas 只专注于 2D 的渲染上下文),代码如下:

```
<script type="text/javascript">
var c=document.getElementById("myCanvas");
var cxt=c.getContext("2d");
```

```
cxt.fillStyle="#FF0000";
cxt.fillRect(0,0,150,75);
</script>
```

其中 JavaScript 使用 id 来寻找 Canvas 元素的代码如下：

```
var c=document.getElementById("myCanvas");
```

创建 Context 对象的代码如下：

```
var cxt=c.getContext("2d");
```

getContext 是内建的 HTML5 对象，拥有多种绘制路径、矩形、圆形、字符以及添加图像的方法。

下面的两行代码将在画布上绘制一个从左上角(0,0)开始，150px×75px 的红色矩形。fillStyle 方法将其渲染成红色，fillRect 方法规定了图形的形状、位置和尺寸：

```
cxt.fillStyle="#FF0000";
cxt.fillRect(0,0,150,75);
```

8.4.2 绘制图形

Canvas 提供许多绘制路径的方法，可以绘制比较复杂的形状。这些形状都是由一个或多个路径组合而成，使用的函数如表 8-9 所示。

表 8-9　绘制路径

序　号	方　法	描　述
1	beginPath()	开始一条路径，或重置当前路径
2	closePath()	创建从当前点回到起始点的路径
3	stroke()	绘制已定义的路径
4	fill()	填充当前绘图(路径)

绘制图形的步骤如下。

(1) 用 beginPath()方法创建一条路径。在内存里，路径是以一组子路径(直线、弧线等)的形式存储，它们共同构成一个图形。每次调用 beginPath，子路径组都会被重置。

(2) 调用指定绘制路径的相关方法。

(3) 调用 closePath()方法，用直线连接当前端点与起始端点来关闭路径。

(4) 调用 stroke()或 fill()方法，图形绘制到 Canvas 上去。stroke 是绘制图形边框，fill 会填充一个实心图形。

提示：　① 　Canvas 中的坐标原点(0,0)定位在左上角，画布里所有对象都是相对这个原点的。

② 　本节实例均为在 chapter08 文件夹下建立的"文档类型"为 HTML5、保存"文件类型"为.html 的文件，在"代码"视图下输入相关代码，本节仅附上\<body\>\</body\>标签中的 HTML5 代码。

1. 矩形

1) 实例效果

在画布上先画一个 120px×120px 的框，再画一个 100px×100px 的黑色矩形，然后清空中间 60px×60px 大小的矩形，画一个 50px×50px 的矩形边框，如图 8-5 所示。

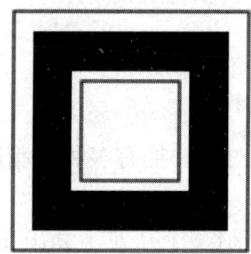

图 8-5　矩形实例效果图

2) 实例实现

如表 8-10 所示的方法都有 4 个参数，x 和 y 用于指定矩形左上角(相对于原点)的位置，width 和 height 用于指定矩形的宽和高。

表 8-10　矩形方法

序　号	方　法	描　述
1	Rect(x,y,width,height)	创建矩形
2	fillRect(x,y,width,height)	绘制被填充的矩形
3	strokeRect(x,y,width,height)	绘制矩形(无填充)
4	clearRect(x,y,width,height)	在给定的矩形内清除指定的像素

绘制矩形实例效果图<body></body>标签部分代码如表 8-11 所示。

表 8-11　绘制矩形代码

序　号	HTML 代码
1	<canvas id="myCanvas" width="150" height="150"></canvas>
2	<script>
3	var c=document.getElementById("myCanvas");//获取 canvas 对象的
4	DOM 节点
5	var ctx=c.getContext("2d");　　　　　//获取上下文
6	ctx.beginPath();　　　　　　　　//绘制路径
7	ctx.rect(15,15,120,120);　　　　//绘制 120px×120px 的矩形
8	ctx.stroke();　　　　　　　　//绘制已完成的图形
9	ctx.fillRect(25,25,100,100);　　//填充 100px×100px 的矩形
10	ctx.clearRect(45,45,60,60);　　//清空 60px×60px 的矩形
11	ctx.strokeRect(50,50,50,50);　　//绘制 50px×50px 的矩形
12	</script>

2. 线条

1) 实例效果

在画布上从起始点(10, 10)画线到(150, 50)，再画线到(10, 50)，最终回到(10, 10)的位置，由线条构成了一个直角三角形，如图 8-6 所示。

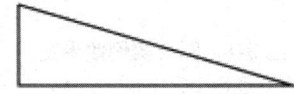

图 8-6 直线实例效果图

2) 实例实现

Canvas 画布中的画线方法如表 8-12 所示。

表 8-12 画线方法

序 号	方 法	描 述
1	moveTo(x,y)	把路径移动到画布中的指定点，不创建线条。有两个参数 x 和 y，表示一个新的坐标位置，即起始坐标
2	lineTo(x,y)	添加一个新点，然后在画布中创建从前一路径的终点到该点的线条

绘制线条实例效果<body></body>标签部分代码如表 8-13 所示。

表 8-13 绘制线条代码

序 号	HTML 代码
1	<canvas id="myCanvas" width="200" height="100" style="border:1px
2	solid #c3c3c3;"> //定义 Canvas 边框宽度为 1px，颜色为#c3c3c3
3	Your browser does not support the canvas element.
4	</canvas>
5	<script type="text/javascript">
6	var c=document.getElementById("myCanvas");
7	var cxt=c.getContext("2d");
8	cxt.moveTo(10,10); //三角形的起点
9	cxt.lineTo(150,50); //三角形的锐角点
10	cxt.lineTo(10,50); //三角形的直角点
11	cxt.stroke(); //绘制已完成的图形
12	</script>

3. 圆形

1) 实例效果

在画布上(100,40)的位置处绘制一个半径为 30px 的红色圆，如图 8-7 所示。

图 8-7 圆形实例效果图

2) 实例实现

Canvas 画布中的画弧线方法如表 8-14 所示。

表 8-14 画弧线方法

序 号	方 法	描 述
1	arc(x,y,radius,startAngle, endAngle,anticlockwise)	创建弧/曲线(用于创建圆形或部分圆),其中 x 和 y 是圆心坐标,radius 是半径,startAngle 和 endAngle 分别是起始角和结束角(以 x 轴为基准),anticlockwise 为 true 表示逆时针,False 表示顺时针
2	arcTo(x1,y1,x2,y2,radius)	创建两切线之间的弧/曲线,其中 x1 和 y1 是弧的起始坐标,x2 和 y2 是弧的结束坐标,radius 则是弧的半径

arc 方法里用到的角度是以弧度为单位。度和弧度的直接转换可以用公式"radians=(Math.PI/180)*degrees"完成。

绘制圆形实例效果<body></body>标签部分代码如表 8-15 所示。

表 8-15 绘制圆形代码

序 号	HTML 代码
1	< canvas id="myCanvas" width="200" height="100" style="border:1px
2	solid #c3c3c3;">
3	Your browser does not support the canvas element.
4	</canvas>
5	<script type="text/javascript">
6	var c=document.getElementById("myCanvas");
7	var cxt=c.getContext("2d");
8	cxt.fillStyle="#FF0000";　　　　　//填充颜色设置
9	cxt.beginPath();　　　　　　　　//绘制路径
10	cxt.arc(100,40,30,0,Math.PI*2,true);　//绘制圆形
11	cxt.closePath();　　　　　　　　//关闭路径
12	cxt.fill();　　　　　　　　　　//填充所绘制的图形
13	</script>

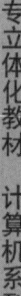

高职高专立体化教材 计算机系列

8.4.3 使用图像

Canvas 中可以引入图像,用于图片合成或者制作背景等。PNG、GIF 和 JPEG 等格式的图像都可以引入到 Canvas 中,而且其他的 Canvas 元素也可以作为图像的来源。

1. 引入图像

引入图像有两步:第 1 步是图像来源,图像可以是一个 JavaScript 中的 Image 对象引用,也可以是其他的 Canvas 对象;第 2 步是用 drawImage 方法将图像插入到 Canvas 中。

1) 引入页面内的图像

可以通过以下几种方式来引用同一页面内的图片。

● document.images 集合。

● document.getElementsByTagName 方法。

● 通过 Image 元素的 ID,可以使用 doucment.getElementById 方法来获取页面内的图像。

2) 引用其他域名的图像

对一个 HTMLImageElement 元素对象使用 crossOrigin 属性,可以请求加载一张来自其他域名的图像以在调用的 drawImage 方法中使用。如果主机域名允许跨域名访问图像,则图像可以用于一个空白 Canvas 元素对象,否则会导致图片在 Canvas 画布上的显示出问题。

3) 创建图像

用 JavaScript 创建一个新的 Image 对象,然后设置其图片来源。代码如下:

```
var  img=new Image();          //创建一个 image 对象
img.onload=function(){
   //在此执行 drawImage 语句
}
img.src='myImage.png';          //设置图片来源
```

如果需要加载多张图片,需要 JavaScript 来处理,读者可自行了解相关知识。

2. 图像方法

一旦创建了 Image 对象,就可以使用 drawImage 方法将它渲染到 Canvas 里。drawImage 方法有 3 种形态,如表 8-16 所示。

表 8-16　图像方法

序　号	方　　法	描　　述
1	drawImage(image,x,y)	在画布上定位图像,其中 image 为 image 图片对象或 Canvas 画布对象,x 和 y 是其在目标 Canvas 画布里的起始坐标
2	drawImage(image,x,y,width,height)	在画布上定位图像,并规定图像的宽度和高度,即 width 和 height

续表

序 号	方 法	描 述
3	drawImage(img,sx,sy,swidth, sheight,dx,dy,dwidth,dheight	剪切图像，并在画布上定位被剪切的部分，其中第 1 个参数是一个图像或另一个 Canvas 的引用，第 2～5 个参数定义剪裁图像的位置和大小，第 6～9 个参数定义剪裁后的图像位置和大小

3. 图像实例

1) 实例效果

在大小为 460px×320px 的画布上载入一张图片，效果如图 8-8 所示。

图 8-8　图像实例效果图

2) 实例实现

图像实例效果代码如表 8-17 所示。

表 8-17　实现图像代码

序 号	HTML 代码
1	<!doctype html>
2	<html>
3	<head>
4	<meta charset="utf-8">
5	<title>实例—图像</title>
6	<script type="text/javascript">
7	function draw(){　　　　　　　　　　　　//draw 函数
8	var c=document.getElementById("myCanvas");

续表

序　号	HTML 代码
9	var cxt=c.getContext("2d");
10	var img=new Image()';　　　　　　//创建 image 对象
11	img.src='media/xlxs.png';　　　　　//设置图片来源
12	img.onload=function(){　　　　　//加载 function 函数
13	cxt.drawImage(img,0,0);　　　　//定位图像
14	}
15	}
16	</script>
17	</head>
18	<body onLoad="draw();">　　//网页加载时执行 draw 函数
19	<canvas id="myCanvas" width="460" height="320" style="border:1px
20	solid #c3c3c3;">
21	Your browser does not support the canvas element.
22	</canvas>
23	</body>
24	</html>

8.5　实　例　演　示

8.5.1　实例情景——制作七巧板

设计制作七巧板，利用 lineTo()、moveTo()、fill()等 Canvas 绘制图形的方法制作完成。

8.5.2　实例效果

七巧板效果如图 8-9 所示。

图 8-9　七巧板效果图

8.5.3 实现方案

1. 编码思路

掌握七巧板的组成。七巧板是由七块板组成的，完整图案为一正方形：五块等腰直角三角形(两块小型三角形、一块中型三角形和两块大型三角形)、一块正方形和一块平行四边形。

2. 程序代码

代码如表 8-18 所示。

表 8-18　七巧板效果图代码

序　号	HTML 代码
1	<!doctype html>
2	<html >
3	<head>
4	<meta charset="UTF-8">
5	<title>canvas 绘制七巧板</title>
6	</head>
7	<body>
8	<Div style="margin:0 auto;width:600px; height:auto;text-align:
9	center;">
10	<h2>canvas 绘制七巧板</h2>
11	<canvas id="mycanvas" width="600" height="600"
12	style="display:block;margin:50px auto"></canvas>
13	</Div>
14	</body>
15	<script>
16	var c=document.getElementById("mycanvas");
17	var ctx= c.getContext("2d");
18	// 第一个三角形
19	ctx.beginPath();　　　// 开始绘制
20	ctx.moveTo(0,0);
21	ctx.lineTo(300,300);
22	ctx.lineTo(0,600);
23	ctx.closePath();//填充图形需要先闭合路径
24	ctx.fillStyle = 'rgba(200,0,0,0.5)';　　// 进行绘图处理
25	ctx.fill();
26	// 第二个三角形
27	ctx.beginPath();

序　号	HTML 代码
28	ctx.moveTo(0,0);
29	ctx.lineTo(300,0);
30	ctx.lineTo(150,150);
31	ctx.closePath();
32	ctx.fillStyle="rgba(255,121,0,0.5)";
33	ctx.fill();
34	// 第三个三角形
35	ctx.beginPath();
36	ctx.moveTo(300,0);
37	ctx.lineTo(600,0);
38	ctx.lineTo(600,300);
39	ctx.closePath();
40	ctx.fillStyle="rgba(255,0,0,0.5)";
41	ctx.fill();
42	// 第四个三角形
43	ctx.beginPath();
44	ctx.moveTo(0,600);
45	ctx.lineTo(600,600);
46	ctx.lineTo(300,300);
47	ctx.closePath();
48	ctx.fillStyle="rgba(3,165,72,0.5)";
49	ctx.fill();
50	// 第五个三角形
51	ctx.beginPath();
52	ctx.moveTo(300,300);
53	ctx.lineTo(450,150);
54	ctx.lineTo(450,450);
55	ctx.closePath();
56	ctx.fillStyle="rgba(46,180,255,0.5)";
57	ctx.fill();
58	// 正方形
59	ctx.beginPath();
60	ctx.moveTo(300,0);
61	ctx.lineTo(450,150);
62	ctx.lineTo(300,300);
63	ctx.lineTo(150,150);
64	ctx.closePath();

续表

序 号	HTML 代码
65	ctx.fillStyle="rgba(255,245,0,0.5)";
66	ctx.fill();
67	// 平行四边形
68	ctx.beginPath();
69	ctx.moveTo(600,600);
70	ctx.lineTo(600,300);
71	ctx.lineTo(450,150);
72	ctx.lineTo(450,450);
73	ctx.closePath();
74	ctx.fillStyle="rgba(129,0,196,0.5)";
75	ctx.fill();
76	</script>
77	</html>

8.6 任 务 训 练

8.6.1 训练目的

(1) 练习绘制图形的方法。

(2) 练习图形与图像的结合运用。

8.6.2 训练内容

(1) 用 moveTo()和 lineTo()方法绘制笑脸，效果如图 8-10 所示。

图 8-10 绘制笑脸

部分参考代码如下：

```
<script>
var c=document.getElementById("myCanvas");
```

```
var ctx=c.getContext("2d");
ctx.beginPath();
    ctx.arc(75,75,50,0,Math.PI*2,true);        //外圆
    ctx.moveTo(110,75);                         //嘴巴的起始点
    ctx.arc(75,75,35,0,Math.PI,false);          //嘴巴(顺时针)
    ctx.moveTo(65,65);                          //左眼的起始点
    ctx.arc(60,65,5,0,Math.PI*2,true);          //左眼
    ctx.moveTo(95,65);                          //右眼的起始点
    ctx.arc(90,65,5,0,Math.PI*2,true);          //右眼
    ctx.stroke();                               //绘制已经完成的图形
</script>
```

(2) 绘制折线图，用一个外部图片作为折线图背景，用 onload 事件响应方法触发绘制线条的动作，效果如图 8-11 所示。

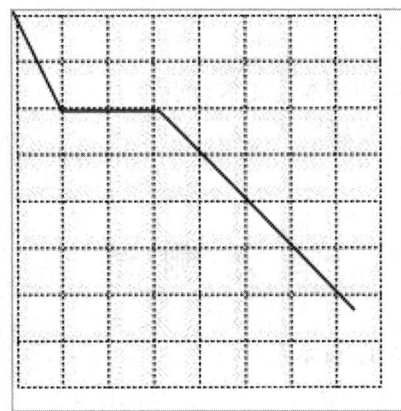

图 8-11　绘制折线图

部分参考代码如下：

```
<script type="text/javascript">
function draw(){
    var c=document.getElementById("myCanvas");
var cxt=c.getContext("2d");
    var img=new Image();
    img.src='images/grid.jpg'           //设置图片源
    img.onload=function(){
        cxt.drawImage(img,0,0);          //渲染图
    cxt.moveTo(0,0);                     //折线起点
cxt.lineTo(25,50);
cxt.lineTo(75,50);
        cxt.lineTo(175,150);             //折线终点
        cxt.stroke();                    //绘制已完成的图形
        }
    }
</script>
```

8.7　知识拓展

1. HTML5 与 CSS3 有何关系？

答：HTML5 具有更多的描述性标签、先进的选择器、精美的视觉效果、方便的操作等诸多优势。CSS3 可以有效地对页面的布局、字体、颜色、背景和其他效果实现更加精确的控制。HTML5 和 CSS3 结合，可以方便、快捷地对页面元素与网页进行美化与布局。

2. DOM 是什么？

答：DOM(Document Object Model，文档对象模型)是以一种独立于平台和语言的方式访问和修改一个文档的内容和结构，是对 Web 文档进行应用开发、编程的应用程序接口(API)。根据 DOM，HTML 文档中的每个成分都是一个节点。DOM 的规定如下。

- 整个文档是一个文档节点。
- 每个 HTML 标签是一个元素节点。
- 包含在 HTML 元素中的文本是文本节点。
- 每个 HTML 属性是一个属性节点。
- 注释属于注释节点。

单 元 测 试

1. HTML5 之前的 HTML 版本是(　　)。

   A. HTML 4.01　　　B. HTML 4　　　　C. HTML 4.1　　　D. HTML 4.9

2. HTML5 的正确 DOCTYPE 是(　　)。

   A. <!DOCTYPE html5>　　　　　　　B.<!DOCTYPE html>

   C. <!DOCTYPE html PUBLIC "-//W3C//DTD XHTML 1.0 Transitional//EN" "http://www.w3.org/TR/xhtml1/DTD/xhtml1-transitional.dtd">

3. 用于播放 HTML5 视频文件的正确 HTML5 元素是(　　)。

   A. <movie>　　　　B. <media>　　　　C. <video>

4. 用于播放 HTML5 音频文件的正确 HTML5 元素是(　　)。

   A. <mp3>　　　　　B. <audio>　　　　C. <sound>

5. HTML5 中的<canvas>元素用于(　　)。

   A. 显示数据库记录

   B. 操作 MySQL 中的数据

   C. 创建可拖动的元素

   D. 绘制图形

参 考 文 献

[1] 王寅峰. HTML 跨平台开发基础与实战[M]. 北京：高等教育出版社，2014.

[2] 陈承欢. 网页设计与制作实用教程[M]. 2 版. 北京：人民邮电出版社，2014.

[3] 汪迎春. 网页设计与制作项目教程[M]. 北京：清华大学出版社，2014.

[4] 张丽英. Dreamweaver 网页设计与应用[M]. 北京：人民邮电出版社，2011.

[5] 孙永道. 网页设计与制作[M]. 二版. 北京：中国铁道出版社，2012.